Manual de GEPAC
Gestor de Pacientes

" GEPAC "

GESTOR DE PACIENTES

Copyright© 2007-2012 Angel Vega Suárez

Manual de GEPAC
Gestor de Pacientes

© **Angel Vega Suárez 2007 - 2012**
Licenciado en Medicina y Cirugía
Médico Especialista en Medicina Familiar y Comunitaria
Médico Especialista en Medicina del Trabajo
20 de enero de 2012
Reservados todos los derechos

Consultas:
por teléfono: **670608420**
por e-mail: **angelvegasuarez@terra.es**

ISBN 978-1-4710-6681-8

Precio de venta:
   *Manual de GEPAC: **30 euros.***
   Aplicación GEPAC PRO: 600 euros.
   Diseño personalizado: 50 euros/hora.
   Instalación y Formación: 100 euros/hora.

a Celia y Ángel.

a todos mis pacientes.

Prólogo

- La práctica de la Medicina en la actualidad, en cualquiera de sus especialidades o áreas específicas, está evolucionado de forma paralela a las nuevas tecnologías. Los ordenadores ya forman parte del mobiliario en prácticamente la totalidad de las consultas médicas, y el registro de la documentación clínica de los pacientes en bases de datos, por medio de diversos programas informáticos, ha superado a los clásicos historiales médicos en papel.

- La relación de los profesionales sanitarios con la informática ha sido traumática en muchas ocasiones, agravándose la situación cuando la utilización de los equipos y programas se ha producido de forma obligatoria y mal planificada, sin una adecuada formación, con cortos períodos de adaptación y, en muchos casos, con diseños de sofware pensados más desde el punto de vista gestor que desde la clínica, con pocas aportaciones por parte de los usuarios finales de los mismos. Las dificultades han sido mayores para médicos y enfermeras que durante muchos años habían trabajado en la "edad preinformática".

- En el año 1999, se dio la coincidencia entre mi primer trabajo en un servicio médico y el descubrimiento de las utilidades reales de la informática. Tras asistir a un práctico curso de ofimática, comencé a realizar una sencilla base de datos, con unos formularios básicos para el registro de las evoluciones médicas, la actividad de enfermería, las vacunas y los principales datos del historial médico de los pacientes. Progresivamente, fui confeccionando nuevos formularios, así como algunos informes de utilidad para informar a los pacientes sobre la actividad asistencial y darles recomendaciones para el cuidado de su salud. La mejor forma de conocer las peculiaridades de una historia médica informatizada ha sido realizando un diseño propio. Así nace **GEPAC (Gestor de Pacientes).**

- GEPAC es una aplicación que sirve para el registro de los datos obtenidos en las actividades de control de la salud de los pacientes así como para su estudio a nivel individual y colectivo. GEPAC facilita la gestión integral mediante la relación de todos los datos del paciente.

- GEPAC es una base de datos en transformación continua, con posibilidad de adaptación a las características particulares de cada profesional y/o centro sanitario, pudiendo ser de utilidad en consultas médicas tanto del ámbito público como del privado.

- GEPAC solamente requiere tener instalado Microsoft Access y unos conocimientos básicos acerca de este tipo de bases de datos.

- Este MANUAL es una **guía para el usuario de la aplicación.** Con el mismo, quiero ofrecer al usuario la posibilidad de utilizar, con la misma practicidad que yo lo he hecho, una herramienta que puede ayudarle en la gestión de gran parte de la información que debe manejar y administrar un Médico en su día a día.

Ángel Vega Suárez
Invierno de 2012

© Angel Vega Suárez
2007-2012

Índice

CONCEPTOS BÁSICOS DE ACCESS

- **INSTALACIÓN Y SEGURIDAD.**
- **TABLAS, CONSULTAS, FORMULARIOS, INFORMES Y MACROS.**
- **ICONOS Y BOTONES.**

Instalación y seguridad

- GEPAC se administra como **archivo .mdb o .mde** por medio de un soporte informático portátil (CD, tarjeta, pendrive, disco duro…).
- Introducir el soporte informático portátil en el equipo fijo de trabajo y comprobar la conexión si es necesario (*unidades externas*).
- Seleccionar la unidad (lector de CD, USB, hardware externo...) donde se ha insertado.
- El archivo se identifica con la palabra GEPAC, un espacio, 3 iniciales que hacen referencia al cliente, otro espacio, y el año en formato de 4 cifras; por ejemplo:
  - Empresa PROTOTIPO: **GEPAC PRO 2012**
- Copiar y pegar/enviar, arrastrar o mover el archivo en/a la carpeta de destino del equipo o de la red.
- Crear un acceso directo en el escritorio para la localización directa de la base de datos (*recomendable*).
- Realizar doble clic sobre el archivo para abrir la base de datos y visualizar el formulario PRESENTACIÓN.

- Establecer una CONTRASEÑA:
  - Abrir la base de datos en uso exclusivo. Para ello, cerrar la base de datos (sin cerrar Access) y volver a abrirla utilizando el comando Abrir del menú Archivo. A continuación, seleccionar **Abrir en modo exclusivo.**
  - En el menú Herramientas, seleccionar Seguridad y **Establecer contraseña para la base de datos…**
- Para anular la contraseña, repetir la misma operación, seleccionando finalmente **Anular la contraseña establecida para la base de datos…**
- Cambiar la contraseña periódicamente y darla a conocer únicamente a los usuarios de GEPAC.

- Guardar COPIAS DE SEGURIDAD del archivo de forma diaria (*o al menos semanalmente*) y por duplicado (*recomendable*).

Abrir la base de datos en uso exclusivo:

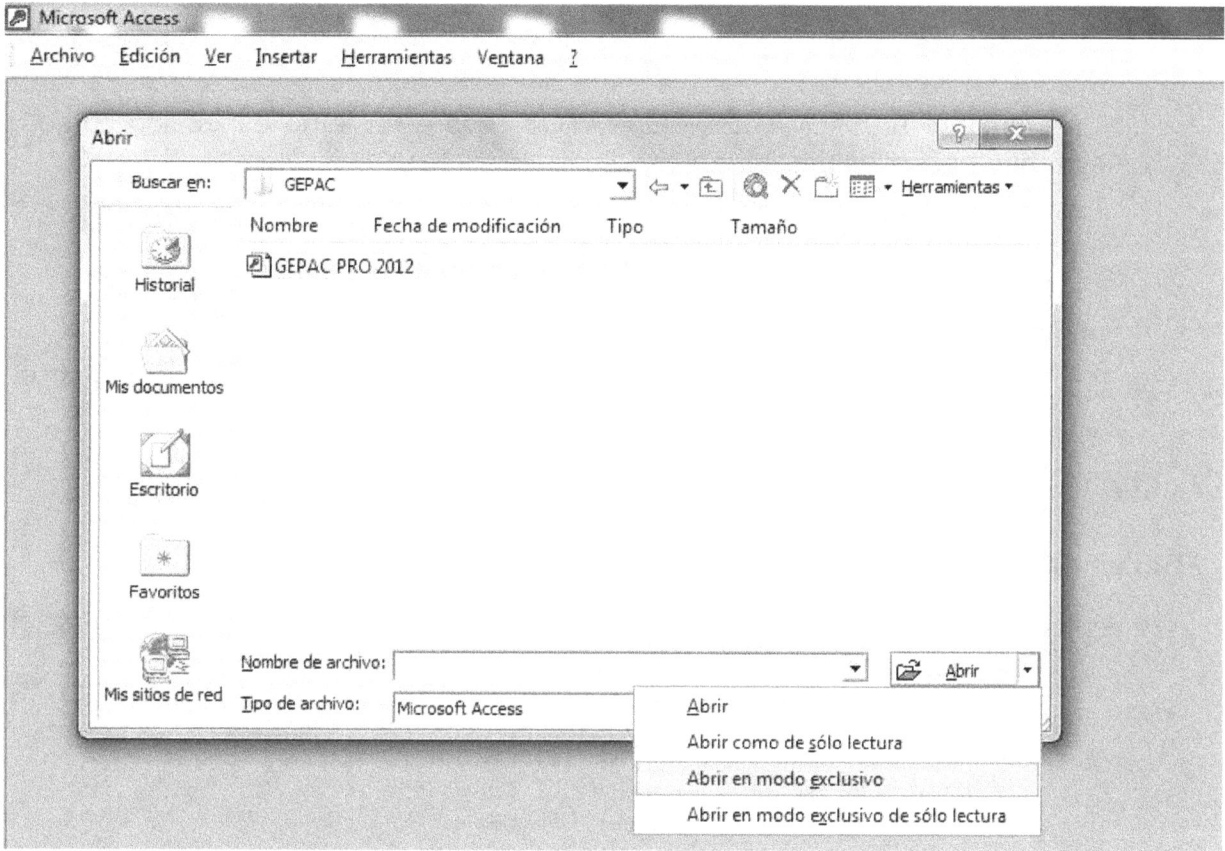

Establecer contraseña:

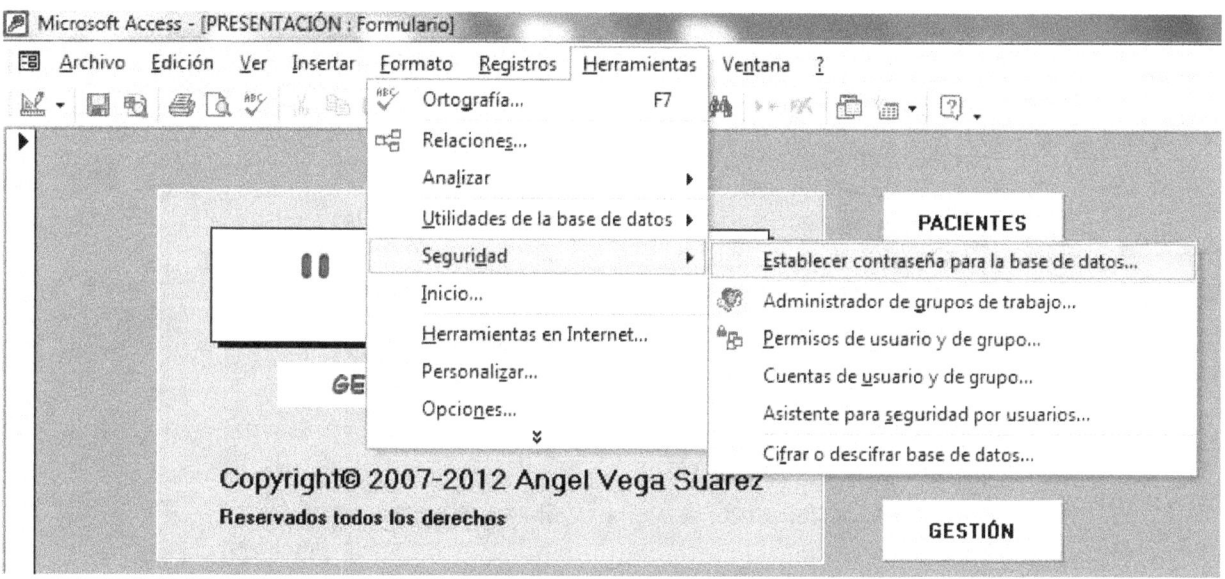

Tablas

- Una tabla es un "ALMACÉN DE DATOS" sobre un tema específico como, por ejemplo, *pacientes* o *vacunas*.

- Las tablas organizan los datos en columnas (denominadas **campos**) y filas (denominadas **registros**).

- Para ver todas las tablas de GEPAC, cerrar el formulario PRESENTACIÓN, o ir al menú **Ventana – Ocultar**, y seleccionar el objeto **Tablas**:

    – Seleccionar una tabla y pulsar **Abrir** para ver, añadir o eliminar registros.

    – Pulsar **Diseño** para ver o cambiar el diseño de los campos.

    – Pulsar **Nuevo** para crear una nueva tabla.

Tablas de GEPAC:

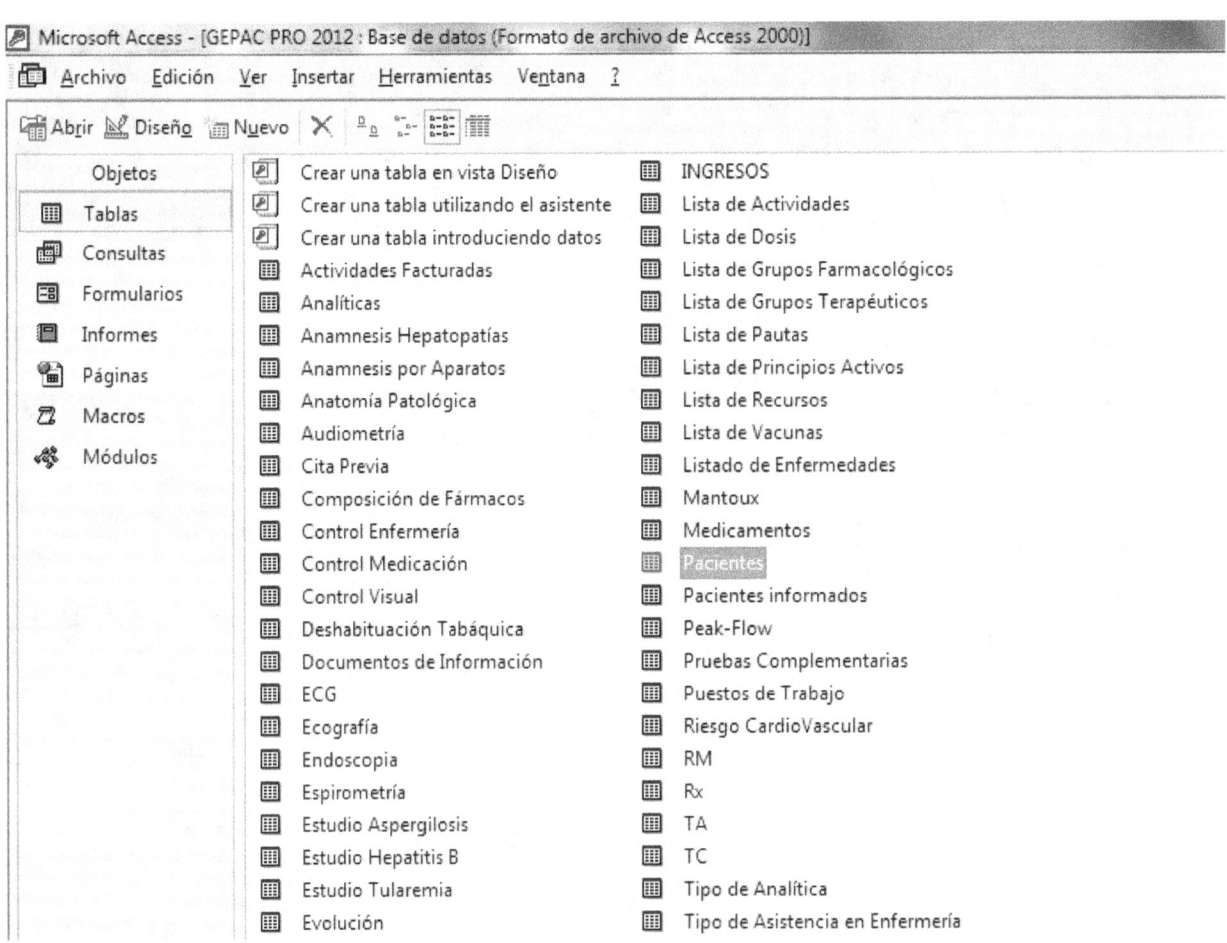

Diseño de tablas:

- Cada tabla se crea con una lista de **campos**, cada uno de los cuales tiene un nombre, un tipo de datos, una descripción (opcional) y unas propiedades.
- El TIPO DE DATOS determina la clase de valores que los usuarios pueden guardar en el campo. En GEPAC se utilizan los siguientes tipos de datos:
    - **Autonumérico**: Número asignado por la base de datos cada vez que se agrega un nuevo registro.
    - **Numérico**: Datos numéricos utilizados en cálculos.
    - **Fecha/Hora**: Valores de fecha y hora.
    - **Texto**: Texto o combinaciones de texto y números, así como números que no requieran cálculos.
    - **Memo**: Texto extenso, o combinación extensa de texto y números.
    - **Si/No**: Uno de entre dos valores (Sí/No, Verdadero/Falso).
    - **Objeto OLE**: Objeto (como, por ejemplo, una foto).
- PROPIEDADES de los campos utilizadas en GEPAC:
    - Tamaño: Máximo número de caracteres y tipo de números.
    - Lugares decimales: Para datos numéricos.
    - **Valor predeterminado**: Valor que queremos introducir automáticamente en el campo para nuevos registros. Ejemplo: *"Sin interés."*
    - **Requerido**: Para hacer obligatoria la entrada de datos en el campo. Ejemplo: *Nº de DNI en la tabla Pacientes.*
    - Indexado: Para acelerar las búsquedas y ordenamientos en un campo. Puede estar indexado con duplicados o **sin duplicados** (prohibe duplicar valores en el campo como, por ejemplo, *el NºHistoria en la tabla Pacientes*).

Nombre del campo	Tipo de datos
Cod-Anam	Autonumérico
NºHist	Numérico
FechaAnam	Fecha/Hora
▶ Anam realizada por	Texto
CARDIOVASCULAR	Memo
Tensión alta	Sí/No
Palpitaciones	Sí/No
Dolor precordial	Sí/No
Edemas maleolares	Sí/No
Mareos	Sí/No
Varices EII	Sí/No

General	Búsqueda
Tamaño del campo	50
Formato	
Máscara de entrada	
Título	
Valor predeterminado	"Angel Vega"
Regla de validación	
Texto de validación	
Requerido	No
Permitir longitud cero	Sí
Indexado	No

Consultas

- Una consulta es una "COMBINACIÓN DE DATOS" de varias tablas o consultas como, por ejemplo, *pacientes* **y** *vacunas*.

- Se usan para ver, cambiar y analizar datos de distintas maneras como, por ejemplo, *ver la relación de bajas y altas por incapacidad temporal en un mes determinado*. Permiten realizar cálculos sobre grupos de registros como, por ejemplo, *calcular el índice de masa corporal en base a los registros de peso y talla*. Al igual que las tablas, también se usan como **origen de registro** para formularios e informes.

- Para ver todas las consultas de GEPAC, cerrar el formulario PRESENTACIÓN, o ir al menú **Ventana – Ocultar**, y seleccionar el objeto **Consultas**:

  - Seleccionar una consulta y pulsar **Abrir** para ver, añadir o eliminar registros.

  - Pulsar **Diseño** para ver o cambiar el diseño de la misma.

  - Pulsar **Nuevo** para crear una nueva consulta.

Consultas de GEPAC:

Formularios

- Un formulario es una "PANTALLA DE GESTIÓN DE DATOS".

- GEPAC tiene diversos tipos de formularios:

  - Formularios de **entrada de datos** para introducir datos en una tabla, basados en tablas o consultas (origen del registro) como, por ejemplo, *Pacientes* o *Ingresos*.

  - Formularios de **conmutación** para abrir otros formularios e informes como, por ejemplo, el formulario *Presentación*.

  - **Subformularios:** Un subformulario es un formulario dentro de un formulario. Muestran datos de tablas o consultas con una relación uno a varios como, por ejemplo, *vacunaciones de un paciente*. Pueden estar bloqueados (solo permiten visualizar datos, siendo el registro dependiente de otro formulario) o sin bloquear (permiten visualización y registro).

- Para ver todos los formularios de GEPAC, cerrar el formulario PRESENTACIÓN, o ir al menú **Ventana – Ocultar**, y seleccionar el objeto **Formularios**. Seleccionar un formulario y pulsar **Abrir** para visualizarlo.

Formularios de GEPAC:

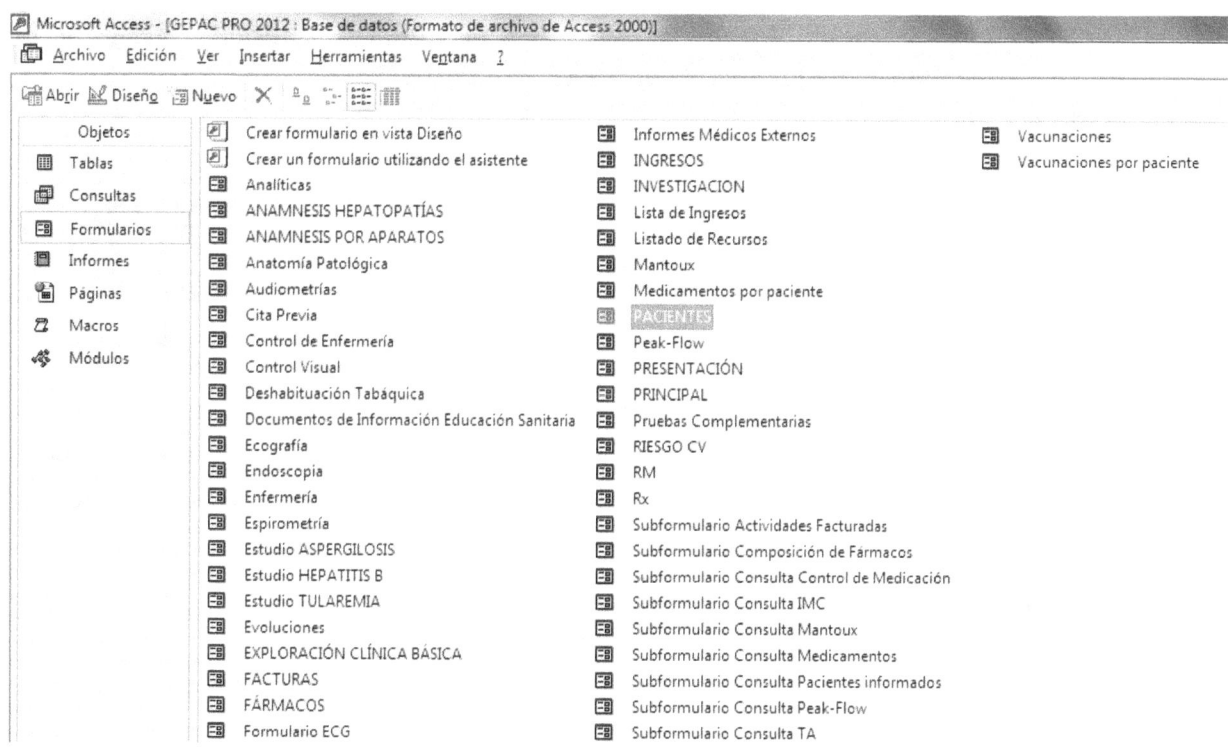

Visualización de formularios:

- GEPAC permite abrir los formularios de dos modos:
  - **Vista Formulario** (predefinido para los *Formularios de entrada de datos*).
  - **Vista Hoja de datos** (predefinido para casi todos los *Subformularios*), que presenta los registros (en filas) de forma similar a una tabla.
- Para cambiar el modo, con el formulario abierto ir al menú **Ver** - **Vista**.

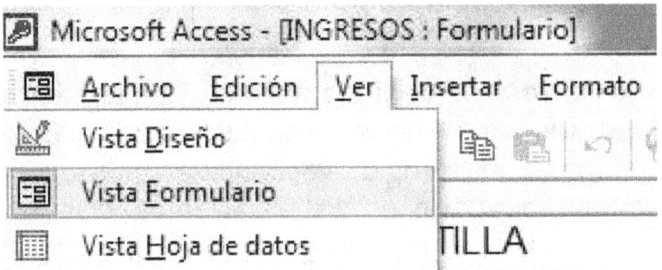

- En el modo <u>Vista Formulario</u> podemos encontrar 3 partes:
  - Encabezado del formulario (*no siempre*): Contiene una etiqueta para el título del formulario.
  - **Detalle**: Es la parte correspondiente al REGISTRO.
  - Pie del formulario (*no siempre*): Suele contener etiquetas de ayuda para la cumplimentación o la interpretación del formulario.
- Existen dos tipos de Vista Formulario:
  - **Formulario simple**: Visualizamos un solo registro **(a)**.
  - **Formularios continuos**: Visualizamos varios registros **(b)** a la vez.

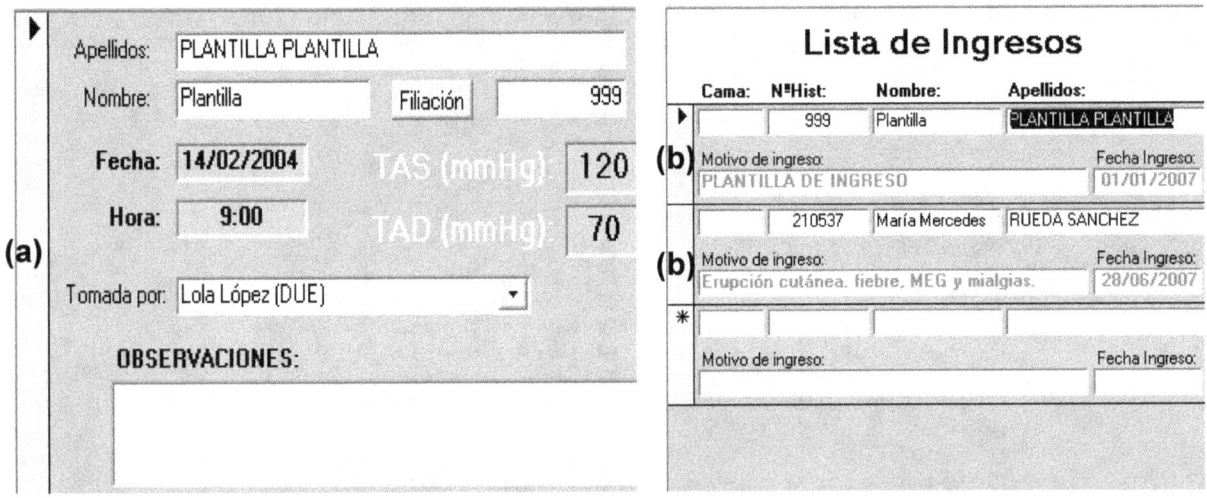

© Angel Vega Suárez
2007-2012

- El <u>Detalle</u> del formulario está delimitado a la izquierda por una **barra selectora de registros (1)**, dejando a la derecha el **cuerpo del registro** donde podemos encontrar diversos **controles**:
  - **Cuadro de texto (2)**: Control que proporciona un lugar para introducir o ver texto en un formulario o informe.
  - **Casilla de verificación (3)**: Control individual para presentar un valor Sí/No de una tabla. Si contiene una marca de verificación, el valor es Sí.
  - **Cuadro combinado (4)**: Combinación de un cuadro de texto y un cuadro de lista. Permite seleccionar un valor de una lista. GEPAC utiliza cuadros combinados dependientes (el valor introducido o seleccionado es insertado en el campo con el que está vinculado) y no limitados a la lista (permiten introducir otros valores).
  - **Etiqueta (5)**: Sirve para presentar texto de tipo descriptivo, como títulos, rótulos o breves instrucciones.
  - **Marco de objeto dependiente (6)**: Para insertar una fotografía.
  - **Botón de comando (7)**: Para iniciar una acción o un conjunto de acciones. GEPAC utiliza botones de comando para abrir otros formularios.
  - **Control Subformulario (8)**.
  - **Control ficha (9)**: Con varias páginas.

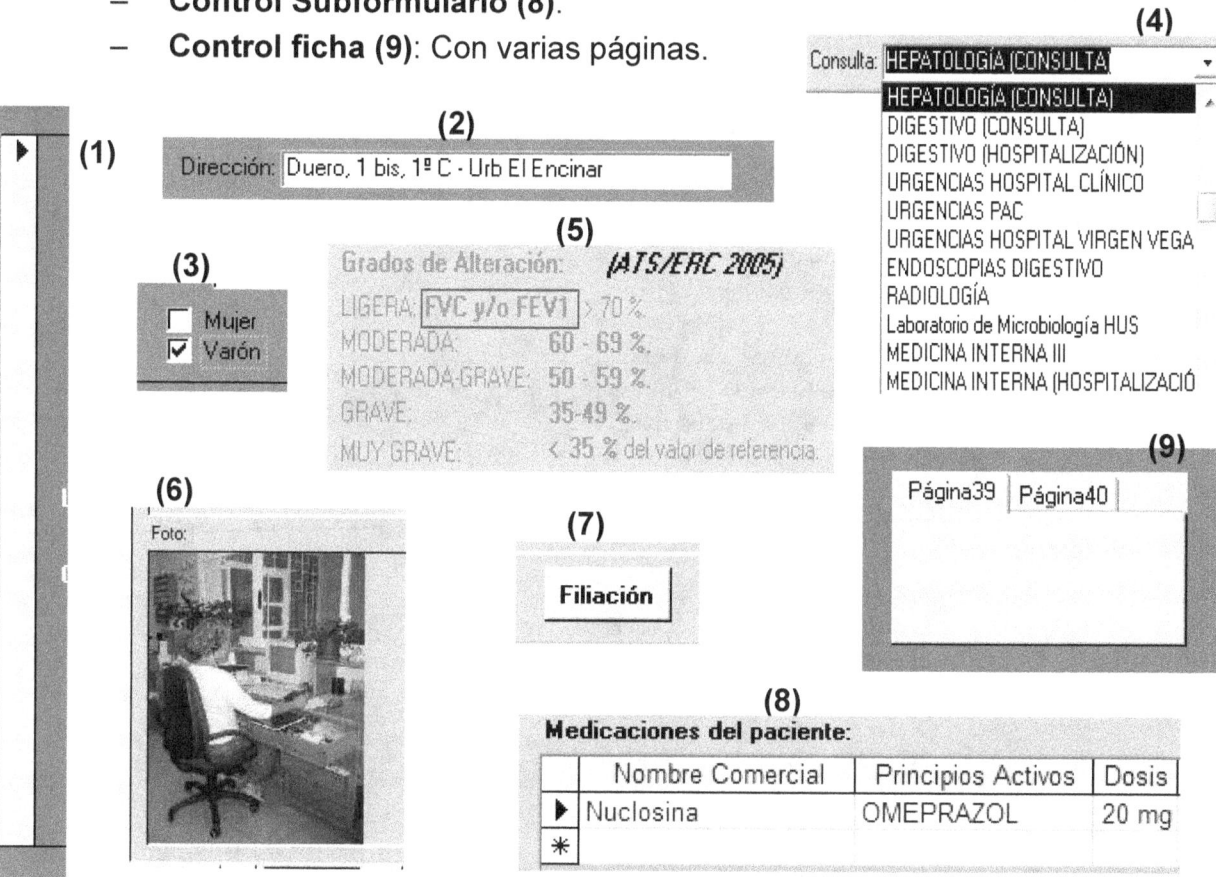

Informes

- Un informe es una "PRESENTACIÓN DE DATOS EN FORMATO IMPRESO."
- Un **subinforme** es un informe que se inserta en otro informe.
- Para ver todos los informes de GEPAC, cerrar el formulario PRESENTACIÓN, o ir al menú **Ventana – Ocultar**, y seleccionar el objeto **Informes**. Seleccionar un informe y pulsar **Vista previa** para visualizarlo.

Informes de GEPAC:

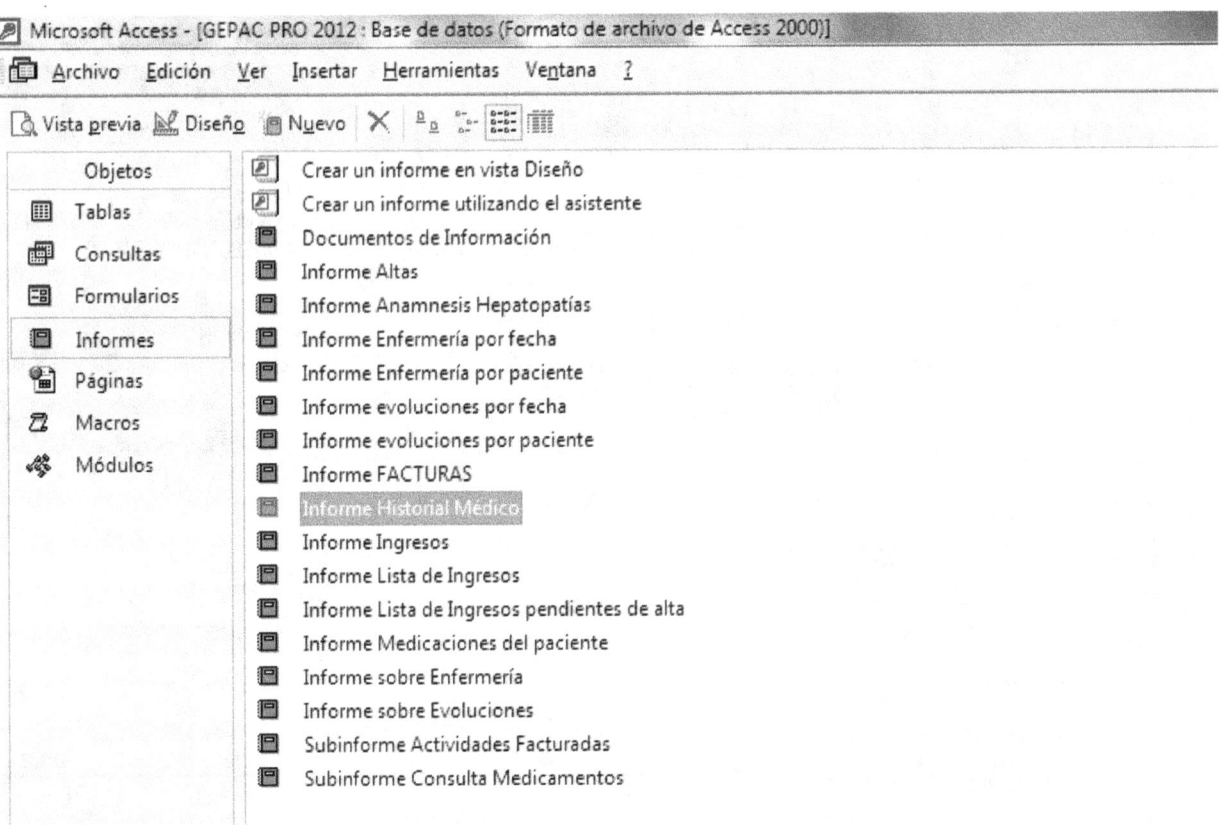

Macros

- Una macro es un "CONJUNTO DE UNA O MÁS ACCIONES" que realiza una operación determinada como, por ejemplo, *visualizar el Informe de la consulta médica de un paciente en una fecha determinada.*
- Para ver todas las macros de GEPAC, cerrar el formulario PRESENTACIÓN, o ir al menú **Ventana – Ocultar**, y seleccionar el objeto **Macros**:
  - Seleccionar una macro y pulsar **Ejecutar** para activar la acción.
  - Pulsar **Diseño** para ver o cambiar el diseño de la misma.
  - Pulsar **Nuevo** para crear una nueva macro.

Macros de GEPAC:

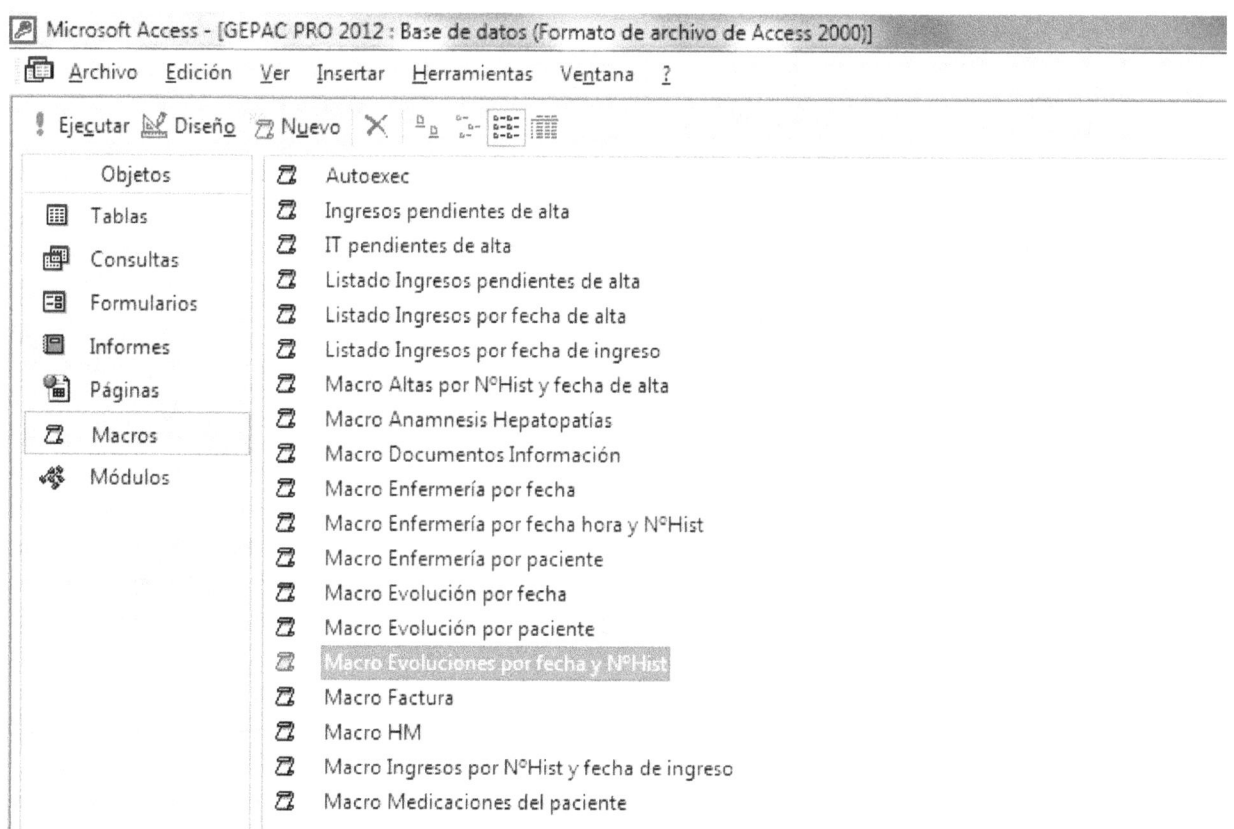

Iconos y botones

- Principales iconos y botones dispuestos en las barras de herramientas y/o en los cuerpos de los formularios para la gestión e introducción de los datos en GEPAC:

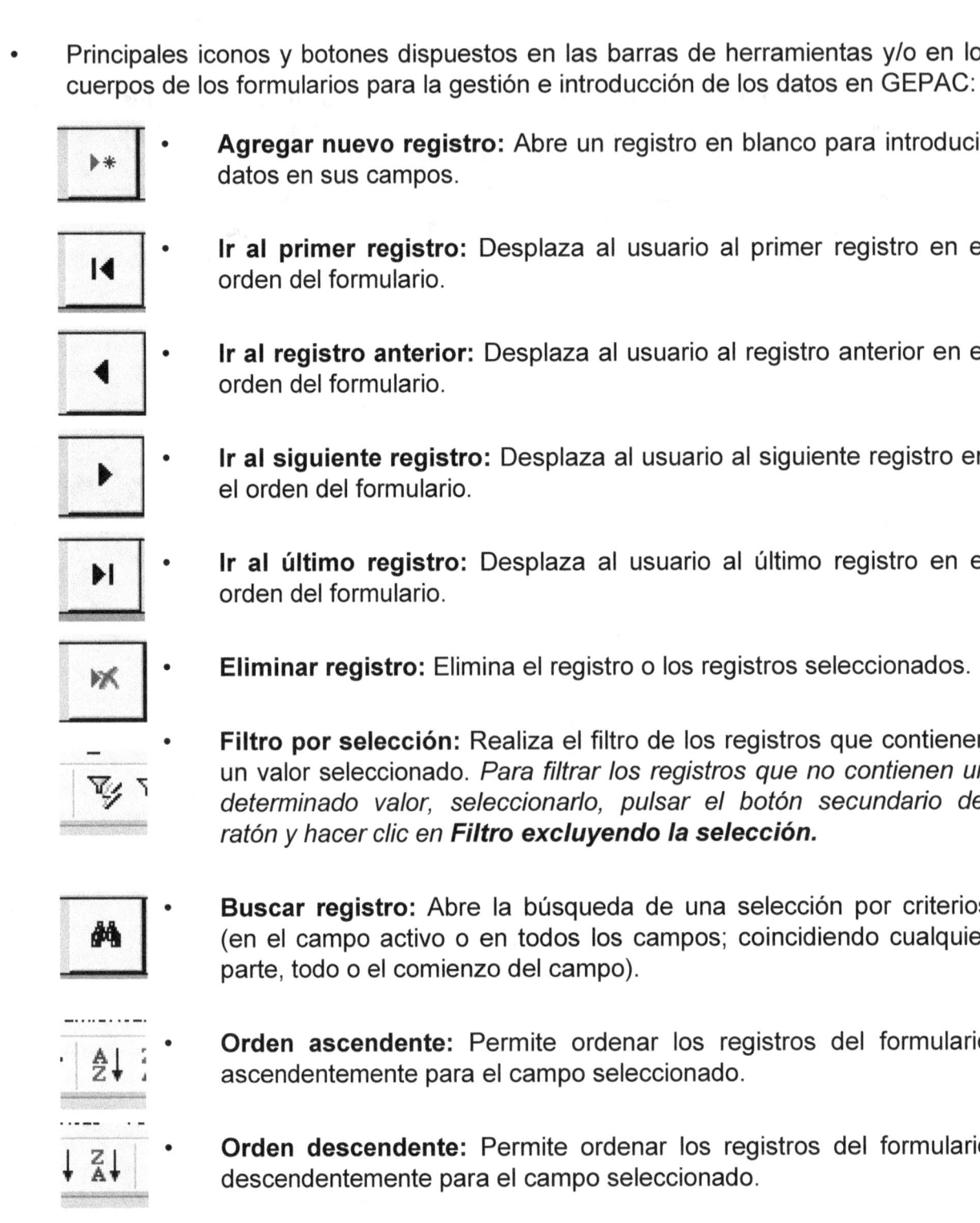

  - **Agregar nuevo registro:** Abre un registro en blanco para introducir datos en sus campos.

  - **Ir al primer registro:** Desplaza al usuario al primer registro en el orden del formulario.

  - **Ir al registro anterior:** Desplaza al usuario al registro anterior en el orden del formulario.

  - **Ir al siguiente registro:** Desplaza al usuario al siguiente registro en el orden del formulario.

  - **Ir al último registro:** Desplaza al usuario al último registro en el orden del formulario.

  - **Eliminar registro:** Elimina el registro o los registros seleccionados.

  - **Filtro por selección:** Realiza el filtro de los registros que contienen un valor seleccionado. *Para filtrar los registros que no contienen un determinado valor, seleccionarlo, pulsar el botón secundario del ratón y hacer clic en* **Filtro excluyendo la selección.**

  - **Buscar registro:** Abre la búsqueda de una selección por criterios (en el campo activo o en todos los campos; coincidiendo cualquier parte, todo o el comienzo del campo).

  - **Orden ascendente:** Permite ordenar los registros del formulario ascendentemente para el campo seleccionado.

  - **Orden descendente:** Permite ordenar los registros del formulario descendentemente para el campo seleccionado.

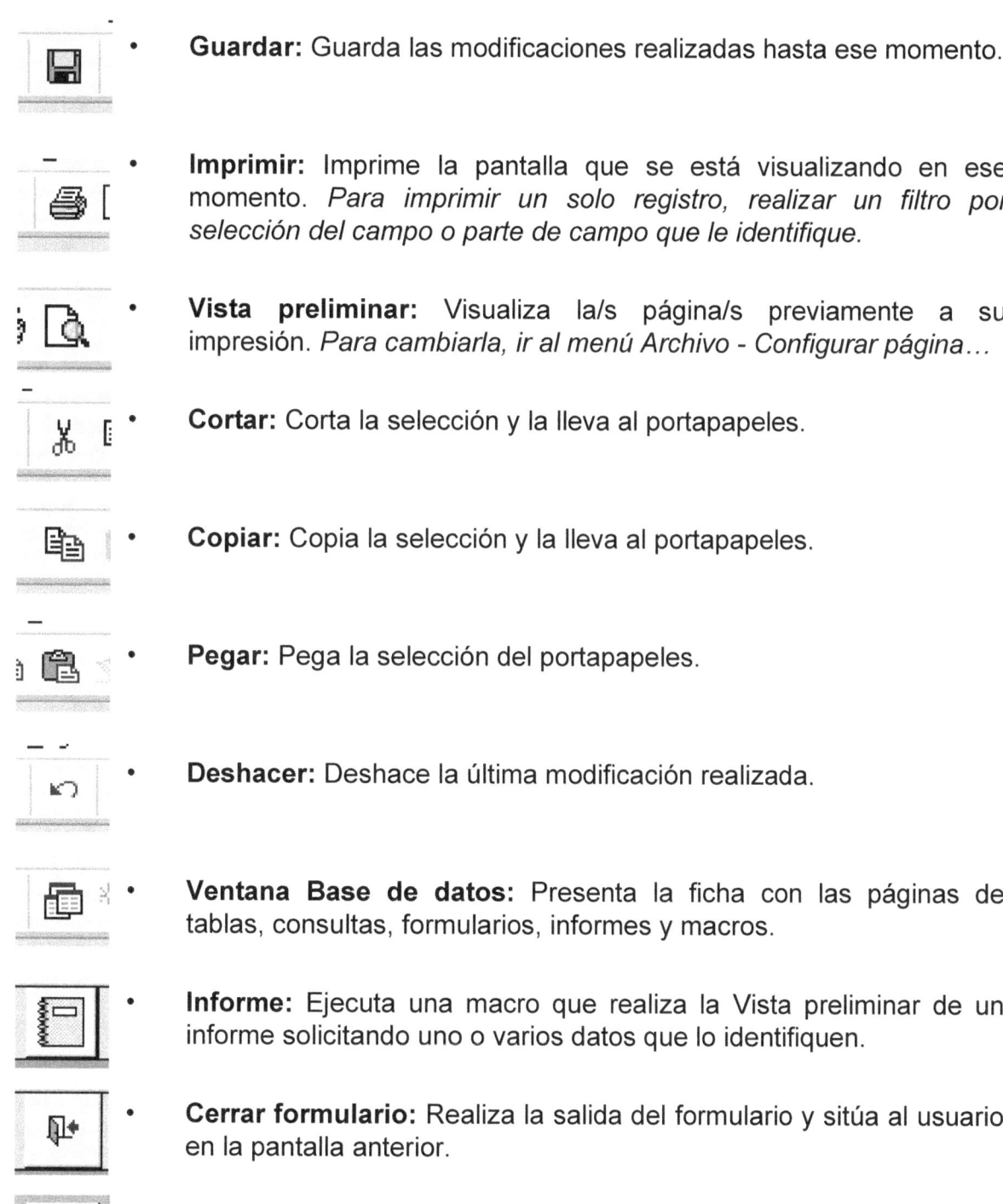

- **Guardar:** Guarda las modificaciones realizadas hasta ese momento.

- **Imprimir:** Imprime la pantalla que se está visualizando en ese momento. *Para imprimir un solo registro, realizar un filtro por selección del campo o parte de campo que le identifique.*

- **Vista preliminar:** Visualiza la/s página/s previamente a su impresión. *Para cambiarla, ir al menú Archivo - Configurar página...*

- **Cortar:** Corta la selección y la lleva al portapapeles.

- **Copiar:** Copia la selección y la lleva al portapapeles.

- **Pegar:** Pega la selección del portapapeles.

- **Deshacer:** Deshace la última modificación realizada.

- **Ventana Base de datos:** Presenta la ficha con las páginas de tablas, consultas, formularios, informes y macros.

- **Informe:** Ejecuta una macro que realiza la Vista preliminar de un informe solicitando uno o varios datos que lo identifiquen.

- **Cerrar formulario:** Realiza la salida del formulario y sitúa al usuario en la pantalla anterior.

- **Salir de la aplicación:** Realiza la salida de GEPAC.

PANTALLAS CENTRALES

- **PRESENTACIÓN DE GEPAC.**
- **PACIENTES.**
- **CONTROL DE SALUD INDIVIDUAL.**
- **GESTIÓN.**
- **INVESTIGACIÓN.**

Presentación de GEPAC

- Aparece por defecto al abrir GEPAC.
- Permite acceder a las otras 4 pantallas centrales de la aplicación, pulsando los respectivos botones de comando:
    - **Pacientes (1)**.
    - **Control de Salud Individual (2)**.
    - **Gestión (3)**.
    - **Investigación (4)**.

Formulario PRESENTACIÓN:

Pacientes

- Registro y visualización de los datos de **FILIACIÓN** de todos los pacientes.
- Para registrar un nuevo paciente, entrar al formulario desde el formulario Presentación e ir al botón **Agregar registro (1)**.
- Asignar un <u>número de historial médico</u> **(2)**, NO DUPLICABLE, a cada paciente.
- Para garantizar la no duplicidad, el campo <u>DNI</u> **(3)** es obligatorio.
- Rellenar los datos de filiación del paciente (fecha de nacimiento, dirección, etc.).
- Existe la opción de registrar otros dos códigos del paciente de alguna otra base de datos en la que esté incluido: Códigos Personales - Fuente **(4)**.
  - Ejemplo: Nº de historia clínica en su Hospital de referencia.

Formulario PACIENTES:

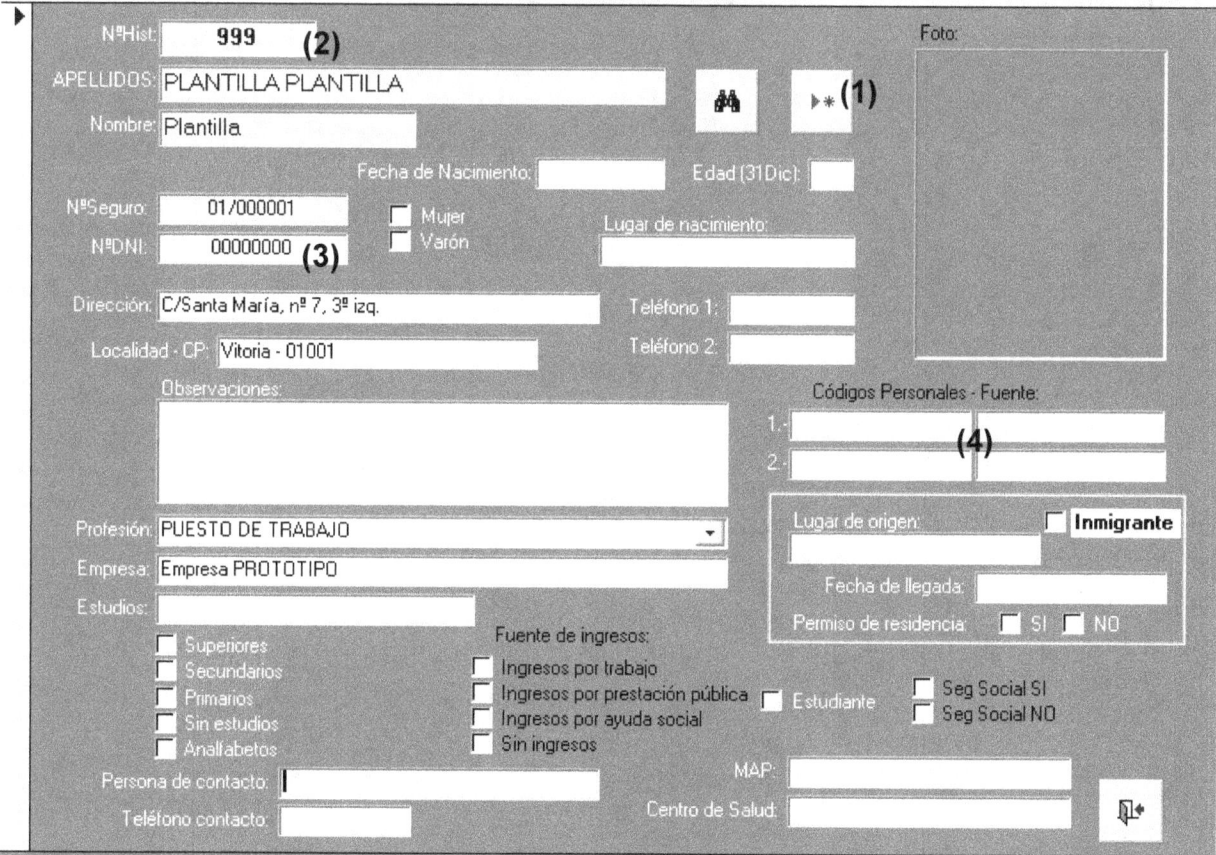

Control de Salud Individual

- Pantalla **PRINCIPAL** para la distribución de **datos individuales.**

- Permite acceder a los formularios de entrada de datos de forma filtrada por el <u>número de historial médico.</u>

- Al pulsar cada botón de comando, aparecen únicamente los registros del paciente seleccionado. Por ejemplo: sus datos de *filiación* **(1)**, sus citas **(2)**, su historial médico **(3)**, sus analíticas **(4)**, etc.

- También permite acceder directamente a la pantalla de Gestión **(5)**.

- Utilizar el icono buscar **(6)** para localizar a los pacientes por apellidos, por nombre o por número de historia, colocando previamente el cursor en el campo correspondiente.

Formulario CONTROL DE SALUD INDIVIDUAL (PRINCIPAL):

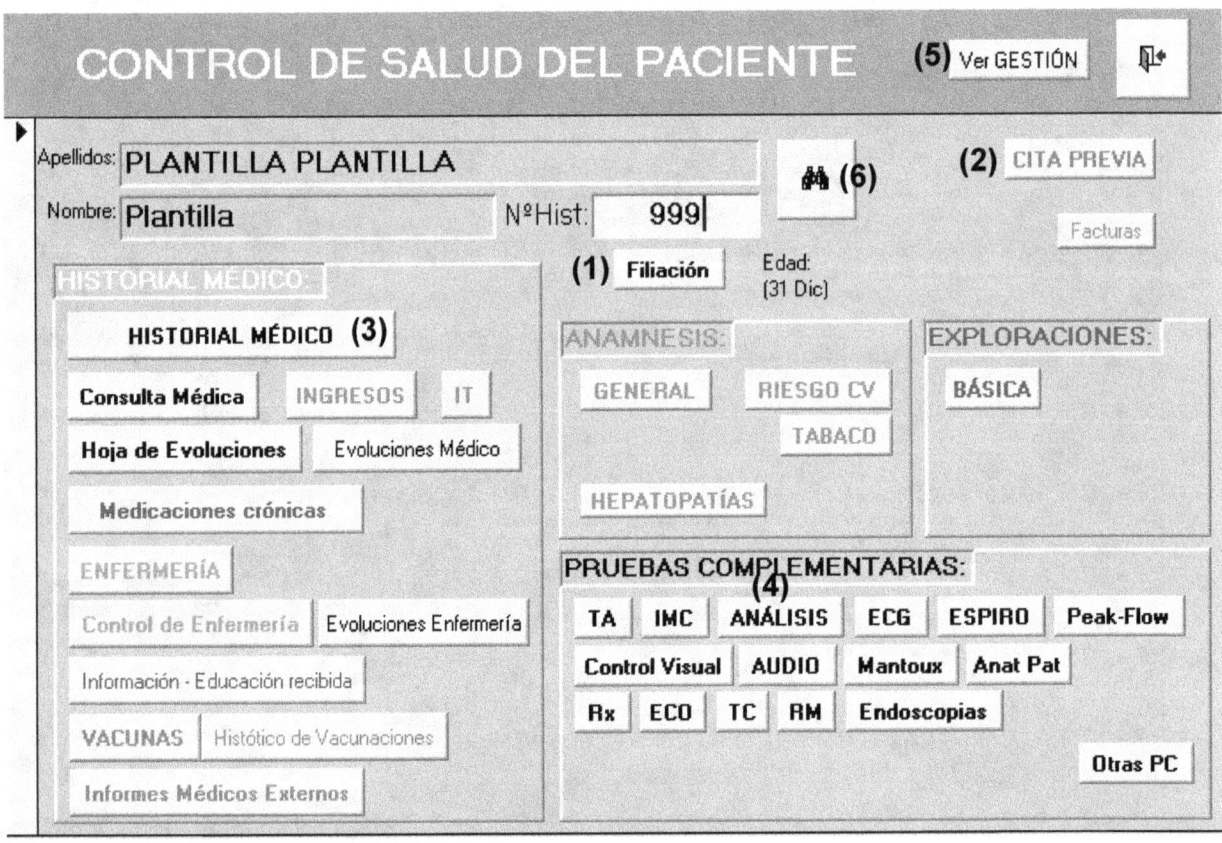

Gestión

- Pantalla de **gestión de datos colectivos.**
- Formulario diseñado con botones de comando que nos dan acceso, de forma directa, a los formularos, listados, macros o informes de mayor utilidad para la gestión de la consulta por parte del usuario final.
- El diseño puede variar en función de las necesidades del cliente.
- Al pulsar el botón de comando TODOS LOS PACIENTES **(1)**, aparece el formulario PACIENTES, sin filtrar, con todos los registros de filiación.
- Mediante el botón CITACIONES **(2)**, entramos en el formulario correspondiente de registro y visualización de pacientes citados.
- Los botones de comando Consultas Médicas y Atención Enfermería por fecha **(3)** activan una macro que abre la vista previa del Informe de las consultas médicas y atenciones de enfermería del día seleccionado.
- El botón de comando Documentos de Información – Educación Sanitaria **(4)** abre el listado de todos los *documentos de información y educación sanitaria.*
- El botón FACTURACIÓN **(5)** abre el formulario con todas las facturas.
- También permite volver a la pantalla principal Control de Salud Individual **(6)**.

Formulario GESTIÓN:

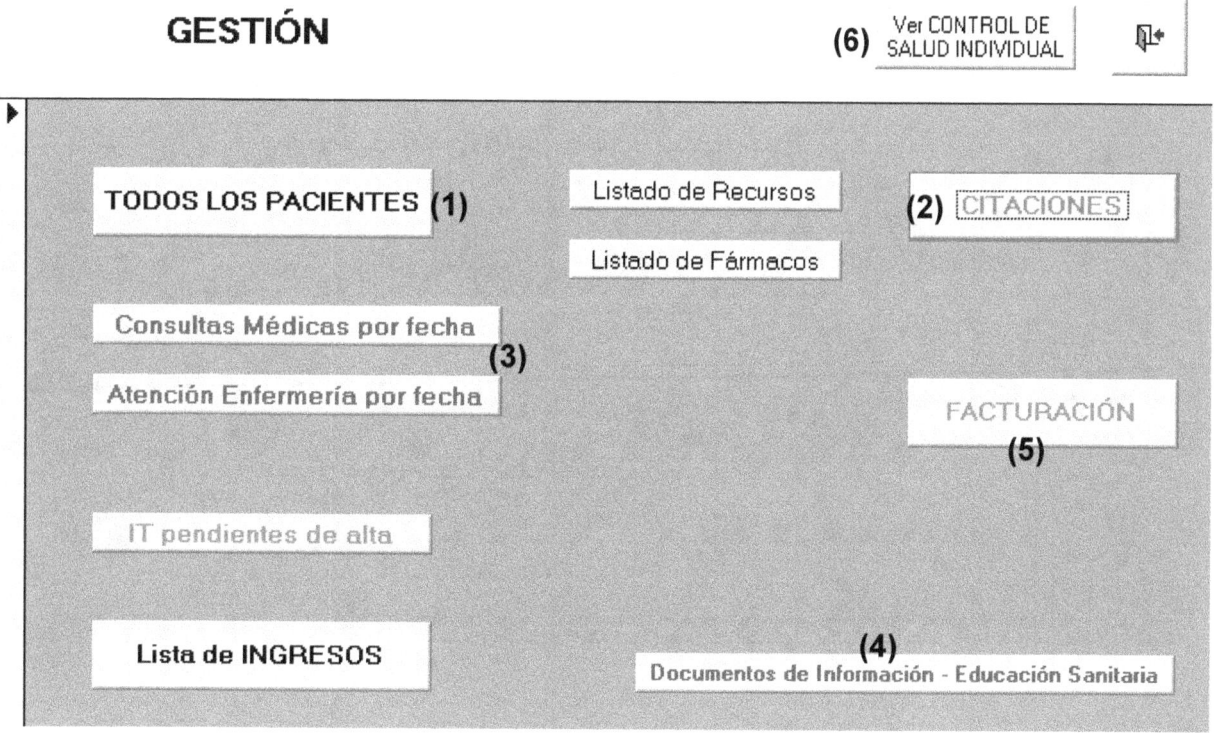

Investigación

- Pantalla que permite el acceso a un grupo de formularios diseñados para el registro de datos correspondientes a **estudios de investigación sobre diferentes aspectos de la salud o enfermedades de los pacientes.**
- El diseño puede variar en función de las necesidades del cliente.
- Debe ser el usuario final quién determine la elaboración y el diseño de nuevos formularios de investigación.
- En la actualidad, GEPAC contiene 3 ejemplos de Formularios de investigación:
  - Estudio de ASPERGILOSIS Pulmonar **(1)**.
  - Estudio de TULAREMIA **(2)**.
  - Estudio de prevalencia de HEPATITIS B en población inmigrante **(3)**.

Formulario INVESTIGACIÓN:

INVESTIGACIÓN

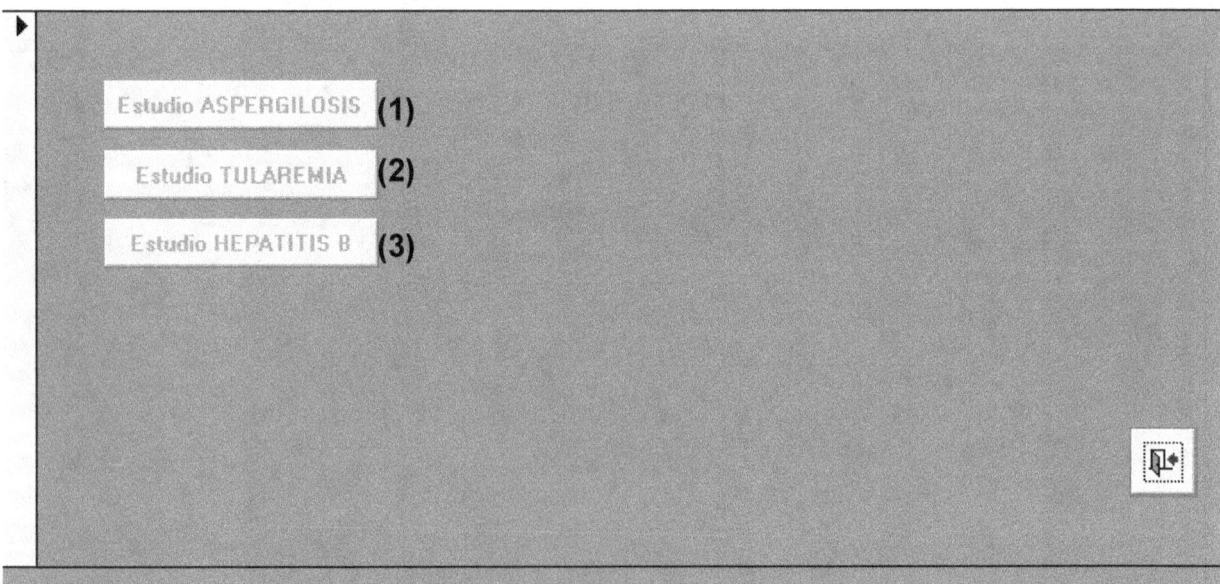

GRUPOS DE FORMULARIOS

- **HISTORIAL MÉDICO.**
- **ANAMNESIS.**
- **EXPLORACIONES.**
- **PRUEBAS COMPLEMENTARIAS.**
- **CITACIONES.**
- **FACTURACIÓN.**
- **LISTADOS (*formularios* y *tablas*).**

Historial Médico

- Conjunto de formularios que recogen los principales **datos del historial médico del paciente.**
- Es posible acceder a ellos desde la pantalla de Control de Salud del Paciente. Además, cada formulario está diseñado para permitir el acceso (*de forma filtrada por el nº de historial médico*) a los formularios directamente relacionados.
- Se describen a continuación los datos gestionados por cada formulario y las principales propiedades de cada uno de ellos.

- **(1)** Formulario **HISTORIAL MÉDICO** propiamente dicho:
  - Aparecen, por defecto, los principales datos de filiación del paciente.
  - Registrar la fecha de actualización del historial y el médico realizador.
  - Contiene un control ficha con la siguientes páginas:
    - HÁBITOS.
      - Datos obstétricos y ginecológicos.
    - ANTECEDENTES.
      - Antecedentes médicos personales y familiares.
      - Alergias.
      - Antecedentes laborales.
      - Médicos de referencia.
    - MEDICACIONES.
      - Subformulario: Pautas de Medicación.
    - ESTADO ACTUAL Y OBSERVACIONES.
  - Permite visualizar e imprimir un INFORME (i1): Solicita el nº de HM **(1a)**.

(1) Formulario HISTORIAL MÉDICO:

PLANTILLA PLANTILLA

Plantilla | NºHist: | 999 | | Pacientes: | | HISTORIAL MÉDICO

Filiación **(1a)**

Diagnósticos principales:
Sin interés.

NºDNI: 00000000 | Fecha Nac: | □ Mujer
NºSeguro: 01/000001 | Edad (31 Dic): | □ Varón

Profesión:
PUESTO DE TRABAJO

(i1) ☑ Informe
Médico: Angel Vega

Fecha actualización HM: 14/02/2004

HÁBITOS | ANTECEDENTES | MEDICACIONES | ESTADO ACTUAL Y OBSERVACIONES

□ **No fumador** | Deshabituación Tabáquica | □ **No alcohol** | ☑ **No drogas**
□ Fumador | Tabaco (tipo, cantidad): | ☑ Alcohol ocasional (FS...) | □ Drogas
□ Exfumador | 20 cigarrillos/día | □ Alcohol habitual | Drogas (tipo, cantidad):
| Alcohol (tipo, cantidad):
| Vino. Moderado.

□ No deporte
☑ Deporte aficionado | ☑ **Sueño normal** | ☑ **Alimentación equilibrada**
☑ **Deporte competición o federado** | □ Sueño alterado | □ Alimentación anormal
Deporte (tipo, cantidad): | Sueño (observaciones): | Alimentación (observaciones):

Datos Obstétrico-Ginecológicos:

Observaciones:
Edad menarquia: | Nº Gestaciones:
Ciclo menstrual (frec/durac): | Nº Partos Vagin.:
| Nº Cesáreas:
| Nº Abortos:
□ Alteración menstruación | Edad menopausia:
□ Anticonceptivos Tipo:
□ THS Tipo:

HÁBITOS | ANTECEDENTES | MEDICACIONES | ESTADO ACTUAL Y OBSERVACIONES

Medicación:

Sin tratamientos médicos en la actualidad.

Control de Medicación

	Nombre Comercial	Principios Activos	Dosis	Pauta	Activa	Desde	Hasta
✎	Nuclosina	OMEPRAZOL	20 mg	1-0-0	□		
✱					▦		

Registro: I◄ ◄ | 1 | ► | ►I | ►✱ de 1

© Angel Vega Suárez
2007-2012

- **(2)** Formulario **CONSULTA MÉDICA:**
    - Registro de las consultas médicas iniciales y sucesivas, que podemos marcar mediante casillas de verificación **(2a)**.
    - Podemos registrar la siguiente información:
        - Una descripción detallada de cada proceso **(2b)**.
        - Un resumen **(2c)** para las "palabras clave".
        - Un campo para anotaciones subjetivas **(2d)**.
    - Dispone de un cuadro combinado para la clasificación CIE **(2e)**.
    - Permite visualizar e imprimir un INFORME **(i2)**: Solicita la <u>fecha de visita</u> y el <u>nº de HM</u>.
    - La casilla de verificación Derivación / Interconsulta **(2g)**, permite marcar que ha sido realizada una consulta médica a otro especialista.

(2) Formulario CONSULTA MÉDICA:

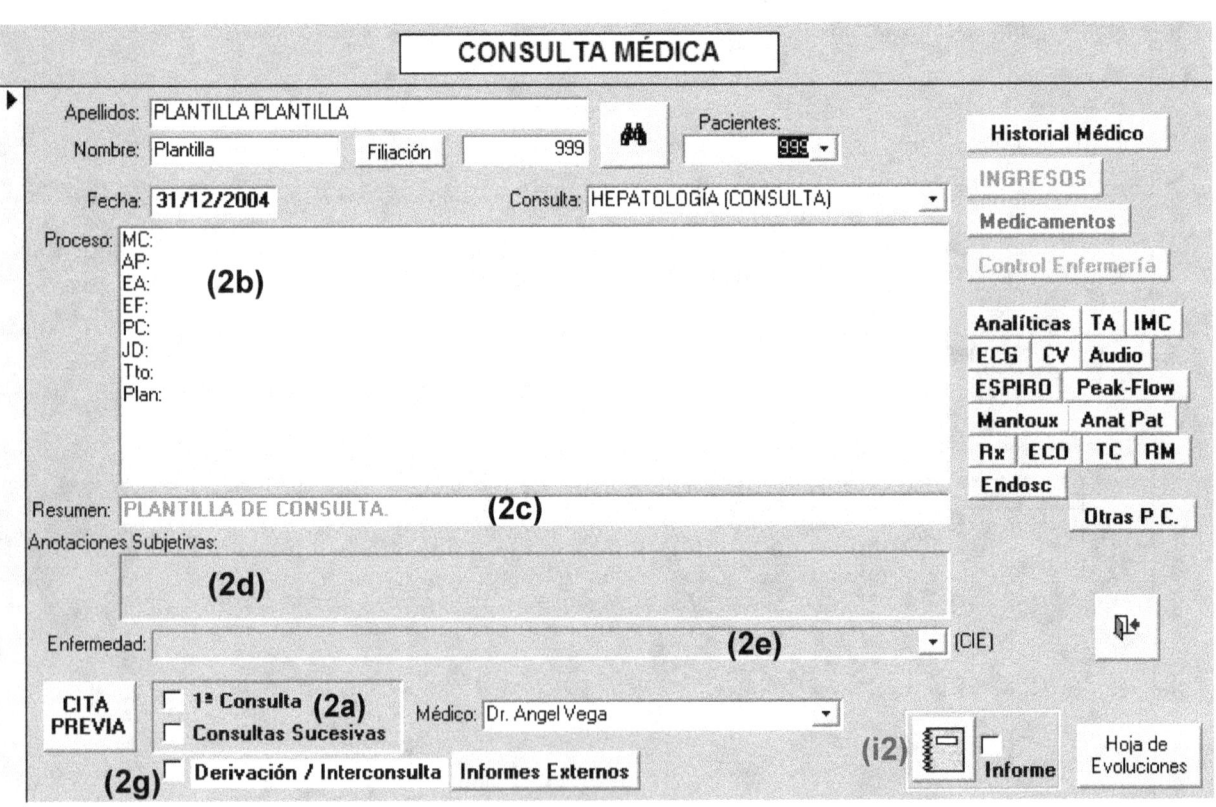

- **(3)** Formulario **HOJA DE EVOLUCIONES:**
  - – Contiene el Subformulario **Evolución Médica**, con todas las consultas de cada paciente.
  - – Permite visualizar e imprimir un INFORME (i3): Solicita el n° de HM.

(3) Formulario HOJA DE EVOLUCIONES:

- **(4)** Formulario **INGRESOS**:
  - – Diseñado para el registro de los procesos patológicos que requieren el ingreso en el centro sanitario.
  - – Contiene un control ficha con la siguientes páginas:
    - Antecedentes.
    - Enfermedad actual.
    - Exploración física.
    - Exploraciones complementarias.
    - Evolución y Comentarios.
    - Diagnóstico principal y secundarios.
    - Tratamiento al alta, seguimiento y revisiones.
    - Médicos firmantes del ingreso.
  - – Permite visualizar e imprimir dos informes:
    - Informe de Ingreso (i4a): Solicita el nº de HM y la fecha de ingreso.
    - Informe de Alta (i4b): Solicita el nº de HM y la fecha de alta.

(4) Formulario INGRESOS:

- **(5)** Formulario **MEDICACIÓN:**
  - Registro y visualización de la medicación habitual del paciente.
  - Compuesto de dos subformularios:
    - **Medicaciones del paciente.**
    - **Control de Medicación:** Observaciones sobre las prescripciones, inicios y finalizaciones de tratamiento, cambios de dosis y/o pauta, registro de recetas repetitivas, etc.

(5) Formulario MEDICACIÓN:

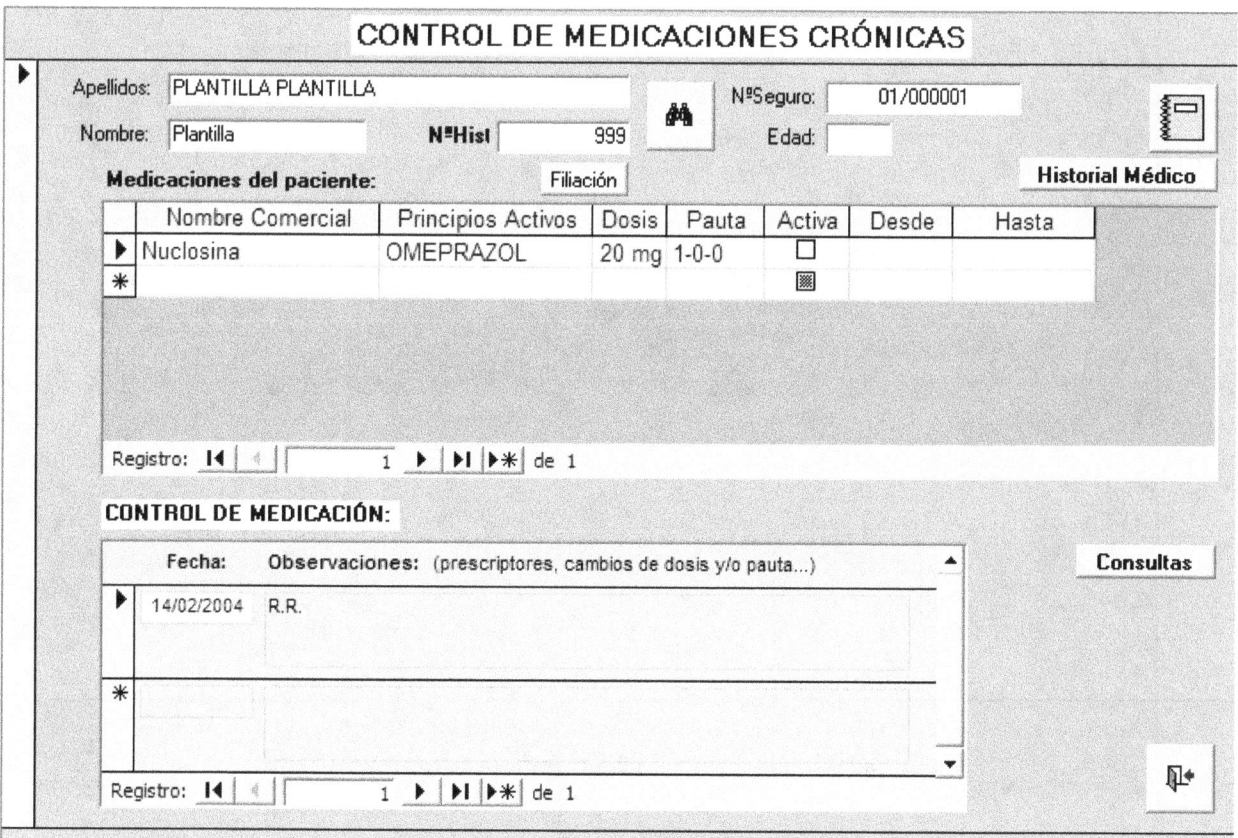

- **(6)** Formulario **INCAPACIDAD TEMPORAL:**
  - – Diseñado para el registro de los procesos patológicos que cursan con incapacidad temporal.
  - – Contiene el subformulario **Histórico de bajas** del paciente.
  - – También es posible acceder a este formulario desde la pantalla de GESTIÓN de datos colectivos, para visualizar todos los **procesos de Incapacidad Temporal que están pendientes de alta (6a).**

(6) Formulario INCAPACIDAD TEMPORAL:

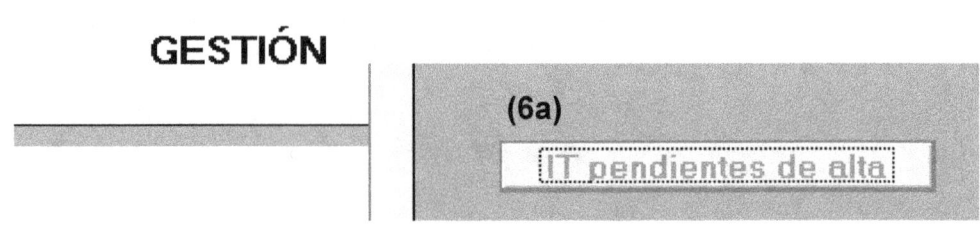

INCAPACIDAD TEMPORAL

Apellidos:	PLANTILLA PLANTILLA
Nombre:	Plantilla

Filiación 999   Pacientes: 999

NºDNI: 00000000
NºSeguro: 01/000001   PUESTO DE TRABAJO (puesto)   **Consultas**
Empresa PROTOTIPO (empresa)

Diagnóstico: Fractura radio derecho   Duración probable:

Cod-Enf: ▼ (CIE 9-MC)   ☐ Recaída   ☐ Días ☐ Mese

Fecha de Baja: 12/01/2004   Tiempo total en IT (días): **34**

Fecha de Alta: 14/02/2004   ☐ Contingencia Profesional ☐ AT
Fecha CP: ☐ EP

Confirmaciones: (fecha de control)

Observaciones:

Histórico de bajas:

	Diagnóstico	Baja	Alta	Lab.
▶	Fractura radio derecho	12/01/2004	14/02/2004	☐
✳				▓

Registro: I◀ ◀ 1 ▶ ▶I ▶✳ de 1

GESTIÓN

(6a)

IT pendientes de alta

© Angel Vega Suárez
2007-2012

- **(7)** Formulario **INFORMES MÉDICOS EXTERNOS:**
  - Resumen y Observaciones de informes médicos, aportados por el paciente o solicitados mediante interconsulta, realizados a nivel de atención primaria o especializada, pública o privada, cuyo registro resulte de interés para el historial médico del paciente.

(7) Formulario INFORMES MÉDICOS EXTERNOS:

INFORMES MÉDICOS EXTERNOS

Apellidos:	PLANTILLA PLANTILLA				Pacientes:
Nombre:	Plantilla	Filiación	999	🔍	999 ▾

Historial Médico

Realizado por: Dr. Huesos (Trauma) ▾

Resumen y Observaciones: Fecha Informe: **17/06/2004**

FECHA INFORME: 17/06/2004

COPIA DEL INFORME OBTENIDO POR EL SISTEMA DE BUSQUEDA CLINICA

Paciente de 48 años que acude a las consultas extenas de este Servicio,desde el año 2001.
Presenta episodios de gonalgia derecha,cervico dorso lumbalgias, metatarsalgia del pie derecho.

Presenta antecedentes de hepatitis B; asma bronquial con alergia a acaros. Poliomielitis con afectacion manifiesta de EII.

A la exploracion clinica presenta dificultad para la marcha por las secuelas de la poliomielitis.
Precisa el uso continuado de muletas para la marcha y bipedestacion.
Contractura dolorosa de la musculatura de la cintura escapular y lumbar.
Parestesias en ambas manos con signo de Tinel +.
Dolor a la palpacion de ambos compartimentos de la rodilla derecha.
Hiperqueratosis plantar derecha con dolor.

CONSULTAS

- **(8)** Formulario **ATENCIÓN DE ENFERMERÍA:**
    - – Datos de la atención realizada por el servicio de enfermería.
    - – Es posible registrar la siguiente información:
        - • Motivo de consulta **(8a)**.
        - • Patologías – Lesiones **(8b)**.
        - • Atención efectuada **(8c)**.
    - – Dispone de un cuadro combinado para la clasificación del tipo de asistencia **(8d)**.
    - – Permite visualizar e imprimir un INFORME **(i8):** Solicita la <u>fecha</u>, <u>hora de la atención</u> y el <u>nº de HM</u>.

(8) Formulario CONTROL DE ENFERMERÍA:

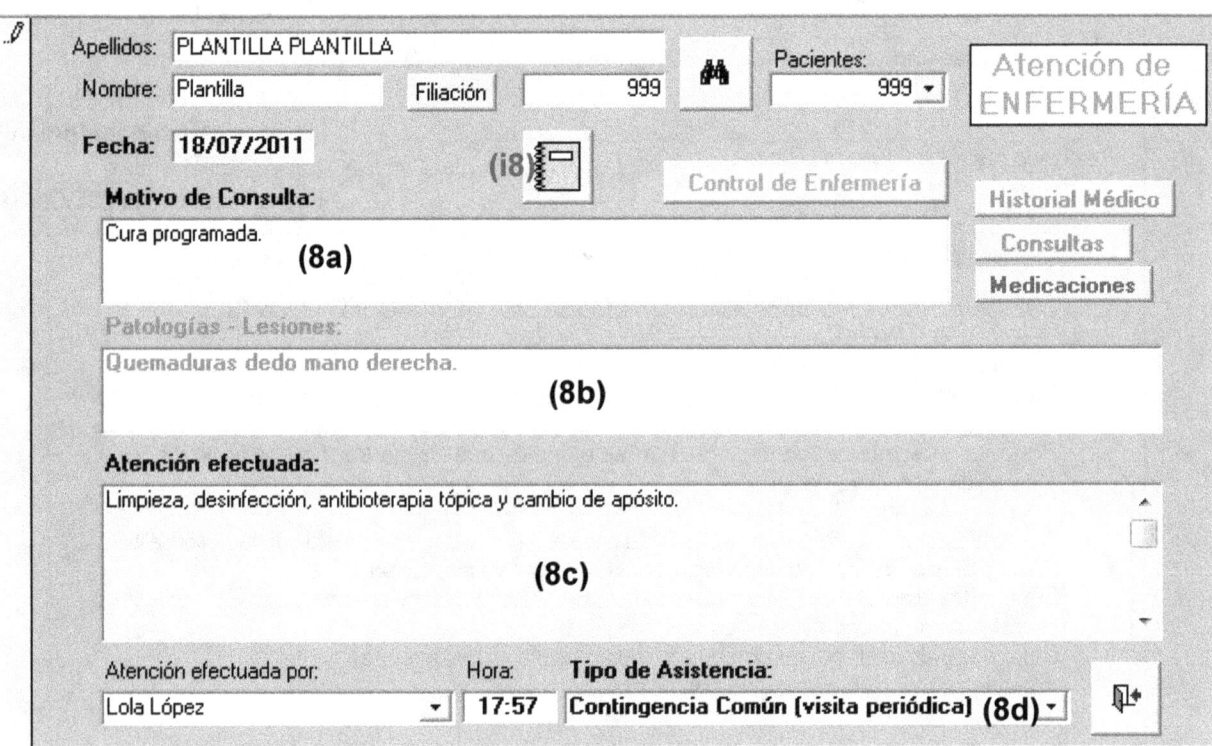

- **(9)** Formulario **CONTROL DE ENFERMERÍA:**
  - – Contiene el Subformulario **Control de Enfermería**, con todas las atenciones de cada paciente.
  - – Permite visualizar e imprimir un INFORME (i9): Solicita el n° de HM.

(9) Formulario CONTROL DE ENFERMERÍA:

Apellidos:	PLANTILLA PLANTILLA				N°Seguro:		
Nombre:	Plantilla	N°Hist:	999		01/000001	HM	

CONTROL DE ENFERMERÍA: Filiación   (i9)   Enfermería

Fecha:	Hora:	Tipo de Asistencia:	Enfermera:
18/07/2011	17:57	Contingencia Común (visita periódica)	Lola López

Cura programada.

Limpieza, desinfección, antibioterapia tópica y cambio de apósito.

Quemaduras dedo mano derecha.

| 17/01/2011 | 15:06 | Administración de Medicación Parenteral | Lola López |

Inyectable periódico.

Inzitan 1 amp IM.

Lumbalgia.

Registro: 1 de 3

© Angel Vega Suárez
2007-2012

- **(10)** Formulario **VACUNACIONES**:
    - Datos básicos de la administración de vacunas e inmunoglobulinas a los pacientes.
    - Trucos:
        - Resulta útil realizar <u>COPIAS</u> para registrar datos similares en varios pacientes. *Para ello, buscar el registro que se desea copiar, pulsar la barra selectora de registros y a continuación los botones copiar, crear nuevo registro y pegar; finalmente, seleccionar al paciente en el listado y anotar los datos diferenciales de su vacunación en el resto de campos (fecha, dosis, observaciones...).*
        - Escribir <u>PENDIENTE</u> en el campo lugar de vacunación **(10a)** para registrar las dosis sin administrar. *Para conocer la relación de vacunas pendientes, filtrar los registros por la palabra "pendiente" y a continuación ordenar ascendentemente el campo fecha de vacunación.*

(10) Formulario VACUNACIONES:

VACUNACIONES

Apellidos:	PLANTILLA PLANTILLA
Nombre:	Plantilla Filiación 999

Pacientes: 999

Fecha de Vacunación: **30/06/2004**

Vacuna: **Hepatitis B**

Dosis: **3ª dosis**

Lugar de vacunación: Dosis sin administrar: PENDIENTE.
PENDIENTE   **(10a)**

Administrada por: Beatriz Perez (DUE)

Observaciones:

Histórico de Vacunaciones

- **(11)** Formulario **CONTROL DE VACUNACIONES:**
  - PLANIFICACIÓN de las Vacunaciones para cada paciente.
  - Compuesto por el subformulario **Histórico de Vacunaciones** (bloqueado, registro dependiente del Formulario Vacunaciones).

(11) Formulario CONTROL DE VACUNACIONES:

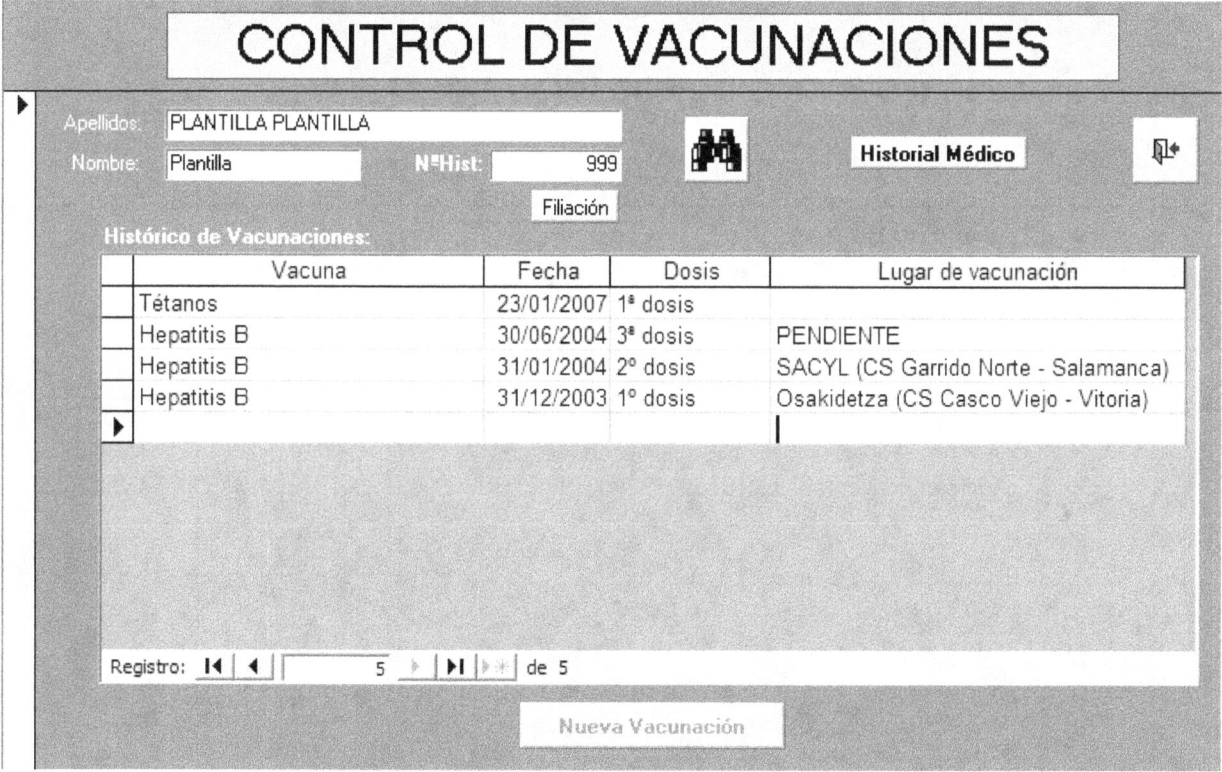

- **(12)** Formulario **INFORMACIÓN - EDUCACIÓN SANITARIA:**
  - Registro de la documentación de información y/o educación sanitaria entregada a cada paciente.
  - Contiene un *subformulario* con toda la documentación entregada y la fecha de entrega.
  - Pulsar el botón de comando **Documentos informativos (12a)** para ver el listado completo de documentación disponible.

(12) Formulario INFORMACIÓN - EDUCACIÓN SANITARIA:

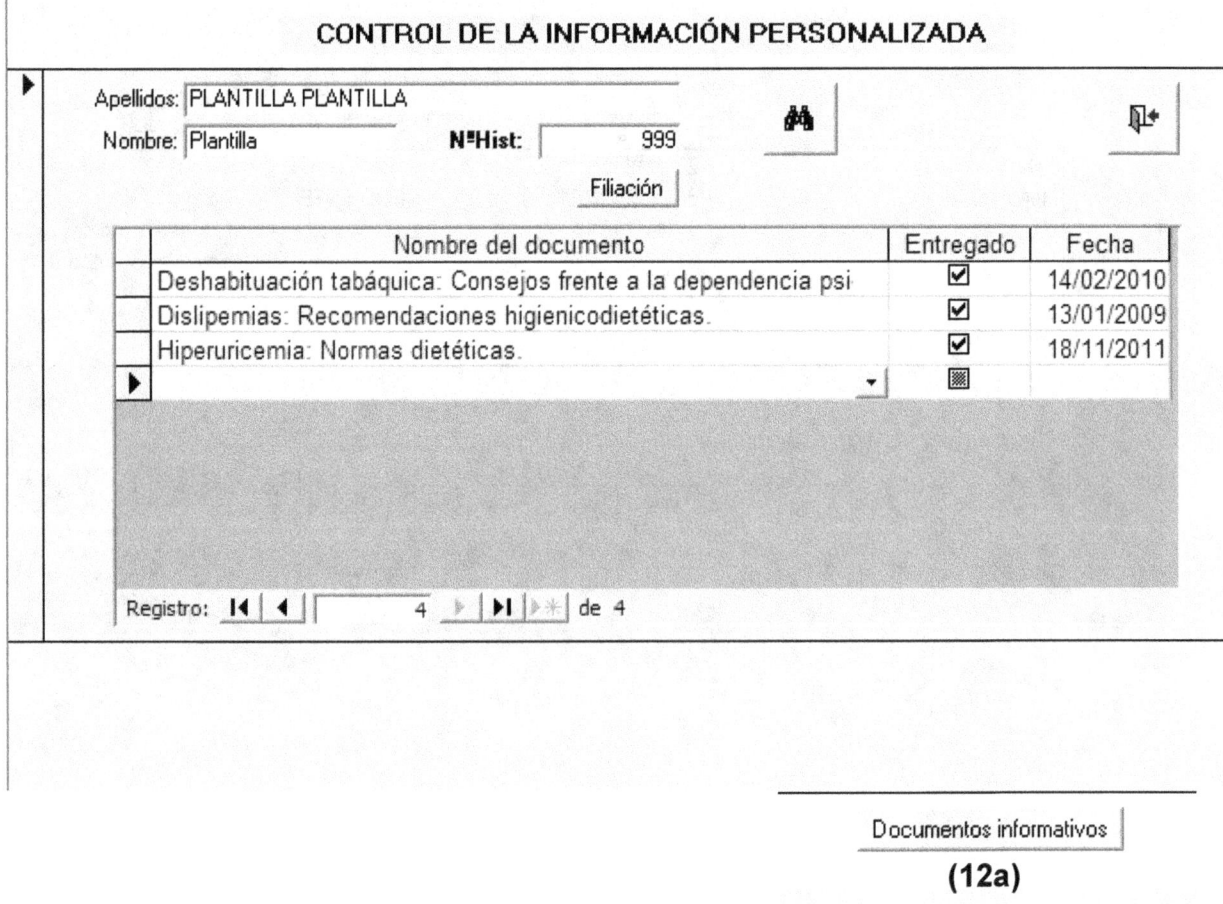

CONTROL DE LA INFORMACIÓN PERSONALIZADA

Apellidos: PLANTILLA PLANTILLA
Nombre: Plantilla   Nº Hist: 999

Filiación

Nombre del documento	Entregado	Fecha
Deshabituación tabáquica: Consejos frente a la dependencia psi	☑	14/02/2010
Dislipemias: Recomendaciones higienicodietéticas.	☑	13/01/2009
Hiperuricemia: Normas dietéticas.	☑	18/11/2011
	▓	

Registro: |◄ ◄ [4] ► ►| ►* de 4

Documentos informativos

(12a)

Anamnesis

- Conjunto de formularios que recogen los **datos proporcionados por el paciente sobre su clínica pasada y/o actual** o que aglutinan toda la **información referente a un problema de salud específico.**

- Es posible acceder a ellos desde la pantalla de Control de Salud del Paciente. Además, cada formulario está diseñado para permitir el acceso (*de forma filtrada por el nº de historial médico*) a los formularios directamente relacionados.

- **(21)** Formulario **ANAMNESIS GENERAL POR APARATOS:**
  - De utilidad para hacer una valoración general del estado de salud del paciente.
  - Recogida de datos individuales en un cuadro de texto descriptivo para cada aparato **(21a)**, junto a unas casillas de verificación de las alteraciones más comunes **(21b)** que van a facilitar el estudio colectivo de los datos.

- **(22)** Formulario específico **FICHA DE RIESGO CARDIOVASCULAR:**
  - Diseñado para realizar una valoración del riesgo cardiovascular del paciente y registrar las actuaciones preventivas, diagnósticas y terapéuticas relacionadas con el mismo.

- **(23)** Formulario específico **FICHA DE DESHABITUACIÓN TABÁQUICA:**
  - Creado para el seguimiento de los pacientes en proceso de deshabituación tabáquica.

- **(24)** Formulario específico **HEPATOPATÍAS:**
  - Para el seguimiento de los pacientes con patología hepática.
  - Permite visualizar e imprimir un INFORME (i24): Solicita el nº de HM y la fecha.

(21) Formulario ANAMNESIS GENERAL POR APARATOS:

ANAMNESIS GENERAL POR APARATOS

Historial Médico

Apellidos: PLANTILLA PLANTILLA

Nombre: Plantilla   Filiación   999   Pacientes: 999

Fecha: 14/12/2008   Realizada por: Ángel Vega   Exploración General

VALORACIÓN GENERAL - OBSERVACIONES:

APARATO CARDIOVASCULAR:
Sin interés.
- ☐ Tensión alta
- ☐ Palpitaciones
- ☐ Dolor precordial
- ☐ Mareos
- ☐ Edemas maleolares
- ☐ Hemorroides
- ☐ Varices EII
- ☐ Varices EID
- ☐ Otros problemas CV

APARATO RESPIRATORIO:
Sin interés.
- ☐ Disnea
- ☐ Tos frecuente
- ☐ Expectoración frecuente
- ☐ Ruidos al respirar
- ☐ Catarros pecho
- ☐ Catarros nariz
- ☐ Otros problemas RE

APARATO DIGESTIVO:
Sin interés.
- ☐ Alteración apetito
- ☐ Dispepsia
- ☐ Diarrea
- ☐ Estreñimiento
- ☐ Alteración heces
- ☐ Acidez
- ☐ Vómitos
- ☐ Dolor abdominal
- ☐ Patología hepática
- ☐ Otros problemas DI

APARATO GENITOURINARIO:
Sin interés.
- ☐ Molestias al orinar
- ☐ Alteración color orina
- ☐ Aumento frecuencia diurna
- ☐ Aumento frecuencia nocturna
- ☐ Incontinencia urinaria
- ☐ Picor o escozor
- ☐ Cólicos nefríticos
- ☐ Infecciones repetidas
- ☐ Otros problemas GU

APARATO LOCOMOTOR:
Sin interés.

(21a)

- ☐ Dolor articular
- ☐ Inflamación articular
- ☐ Limitación función articular
- ☐ Mialgias
- ☐ Cervicalgia **(21b)**
- ☐ Dorsalgia
- ☐ Lumbalgia
- ☐ Otros problemas LM

ENDOCRINO-METABÓLICO:
Sin interés.
- ☐ Diabetes
- ☐ Bocio
- ☐ Gota
- ☐ Hambre excesiva
- ☐ Sed excesiva
- ☐ Disminución apetito
- ☐ Alteraciones bruscas peso
- ☐ Alteraciones temperatura
- ☐ Alteración volumen orina
- ☐ Otros problemas EM

NEURO-PSÍQUICO:
Sin interés.
- ☐ Cefaleas
- ☐ Convulsiones
- ☐ Alteraciones sueño
- ☐ Alteraciones conocimiento
- ☐ Hormigueos
- ☐ Anestesias
- ☐ Calambres
- ☐ Pérdida de fuerza
- ☐ Otros problemas NP

DERMATOLÓGICO:
Sin interés.
- ☐ Descamaciones
- ☐ Manchas
- ☐ Granos o pápulas
- ☐ Prurito
- ☐ Bultos o tumoraciones
- ☐ Hongos
- ☐ Otros problemas DE

SENTIDOS:
Sin interés.
- ☐ Problemas visuales
- ☐ Irritación ocular
- ☐ Problemas audición
- ☐ Tapones oídos
- ☐ Alteración olfato
- ☐ Correción óptica
- ☐ Cirugía ocular refractiva
- ☐ Dolor y/o supuración oídos
- ☐ Alteración gusto
- ☐ Otros problemas SE

SANGRE:
Sin interés.
- ☐ Alteraciones analíticas
- ☐ Hemorragias no traumáticas
- ☐ Equimosis espontáneas
- ☐ Otros problemas SA

© Angel Vega Suárez
2007-2012

(22) Formulario FICHA DE RIESGO CARDIOVASCULAR:

Apellidos: PLANTILLA PLANTILLA

Nombre: Plantilla   Filiación | 999 | 🔍   Pacientes: | 999 ▾ | **FICHA DE RIESGO CARDIOVASCULAR**

Fecha RCV: 18/07/2011   Realizado por: Ángel Vega | ▾ | **Historial Médico** | Anamnesis | Exploración | 🚪

NO MODIFICABLE:

Fecha Nacimiento: [ ]   ☐ Varón   Antecedentes Familiares de Enfermedad CardioVascular:

Edad: [ ]   ☐ Mujer

MODIFICABLE: **Nº Cigarrillos/día:** 23   **Gramos OH/sem:** [ ]   Colesterol Total (mg/dl): [ ]

Actividad física: [▾]   LDL Colesterol (mg/dl): [ ]

HDL Colesterol (mg/dl): [ ]

TAS (mmHg): [ ]   **Peso (Kg):** 130   Triglicéridos (mg/dl): [ ]

TA   **IMC:** 36,01 **IMC**

TAD (mmHg): [ ]   **Talla (cm):** 190   **Analíticas**   Glucosa (mg/dl): [ ]

HbA1c (%): [ ]

Frecuencia Cardíaca (ppm): [ ]   Fecha de Analítica: [ ]   Fructosamina (umol/L): [ ]

VALORACIÓN DEL RIESGO CARDIOVASCULAR: **Comentarios y Observaciones:**

Riesgo CV:

[▾]

EXPLORACIONES - PRUEBAS COMPLEMENTARIAS:

ECG

☐ Criterios ECG de HVI

CONTROL Y TRATAMIENTO:

☐ Ejercicio   Resumen Medicación:

Resumen Dieta y Ejercicio:

☐ Dieta sosa   ☐ Dieta hipolipemiante   ☐ Dieta hipocalórica   ☐ **Hipolipemiantes**   ☐ **Antidiabéticos orales**

MEDICACIÓN: ☐ Dieta diabéticos   ☑ **Hipotensores**   ☐ **Insulina**

	Nombre Comercial	Principios Activos	Dosis	Pauta	Activa	Desde	Hasta
▶	AMLODIPINO EFG			1-0-0	☑		
＊					▨		

Registro: ⏮ ◀ [1] ▶ ⏭ ▶＊ de 1

☐ **Control especializado**   Especialista: [ ]

[▾]   Fecha última visita: [ ]   🚪

Registro: ⏮ ◀ [1] ▶ ⏭ ▶＊ de 1 (Filtrado)

© Angel Vega Suárez
2007-2012

(23) Formulario FICHA DE DESHABITUACIÓN TABÁQUICA:

Apellidos: PLANTILLA PLANTILLA

Nombre: Plantilla   Filiación   999   🔍   Pacientes: 999 ▾   🚪

FICHA DE DESHABITUACIÓN TABÁQUICA

Edad: ___   Fecha Ficha: **14/02/2004**   Realizado por: Angel Vega ▾   Anamnesis | **Historial Médico**

☐ **Cigarrillos**   Edad inicio: ___   Edad fin: ___   **Años fumador:** ___   Años exfumador: ___

☐ Cigarros   Marca y tipo cigarrillos: _____

☐ Pipa   Nicotina/cigarrillo (mg): ___   ☐ Light   **Unidades/día:** ___   Nº fumadores en casa: ___ (sin contar paciente)
☐ Extra Light

Variabilidad en el consumo: _____   **Patrón actual de consumo:** _____

☐ Intentos cesación previos   Nº intentos previos: ___

¿Le gustaría dejarlo en los próximos 6 meses?
NO: Precontemplación.   SI:
¿Le gustaría dejarlo en el próximo mes?
NO: Contemplación.   SI: Preparación.

FASE DE ABANDONO:

☐ Fumador consonante   ☐ **Fumador disonante**
☐ Precontemplación   ☐ Contemplación *(pensando en dejarlo)*
(no le interesa)   ☐ Preparación *(preparándose para cambiar)*
☐ **Acción** *(cambiando)*
Exfumador: ☐ **Mantenimiento** *(estilo de vida más sano)*
> 1 año.   (> 6 meses)

MOTIVACIÓN:

¿Le gustaría dejarlo si fuera fácil? No (0) SI (1)
¿Cuánto interés tiene? En absoluto (0) Muy serio (3)
¿Lo intentará en las próximas dos semanas? No (0) SI (3)
¿Posible ser no fumador en 6 meses? No (0) SI (3)

☐ Motivación Baja
☐ Motivación Moderada
☐ **Motivación Alta**
Grado Motivación (0-10): ___
(Test de Richmond) ___

Económica, Daña mi salud, Dañará mi salud, Daña la salud de los otros, Mal ejemplo, Hábito sucio, No quiero que me domine, Otros quieren que lo deje, Hábito no social, No me apetece fumar. (1-4)

Motivos (10-40 puntos): ___

DEPENDENCIA:

Levant - 1º cig: <=5 m (3), 6-30 m (2), 31-60 m (1), >60 m (0).
Dificultades si prohibido: Si (1), No (0).
Primer cigarrillo matinal más apetecible: Si (1), No (0).
Nº cig/día: <=10 (0), 11-20 (1), 21-30 (2), >30 (3).
> consumo primeras horas tras levant: Si (1), No (0).
Fuma si está enfermo y/o encamado: Si (1), No (0).

☐ Dependencia Muy Baja
☐ Dependencia Baja
☐ Dependencia Moderada
☐ Dependencia Alta
☐ Dependencia Extrema
Grado Dependencia Física (0-10): ___
(Test de Fagerström) ___

PRUEBAS COMPLEMENTARIAS:

Examenes complementarios sin realizar.

Analíticas | Rx | Espirometría
ECG | IMC | TA

RECOMENDACIONES, TRATAMIENTO Y SEGUIMIENTO: **Fecha prevista abandono:** ___
Intervención Terapéutica - Seguimiento:

☐ **Consejo verbal**
☐ **Documento informativo**

☐ **Charla colectiva**
☐ **Grupo de seguimiento**

☐ TSN
☐ Bupropion
☐ Vareniclina   🚪
☐ Otros fármacos

© Angel Vega Suárez
2007-2012

(24) Formulario HEPATOPATÍAS:

(i24)

Apellidos: PLANTILLA PLANTILLA

Nombre: Plantilla | Filiación | 999 | 🔍 | Pacientes: 999 ▾ | ☑ Informe impreso | ⏻

Fecha: 10/02/2007 | Realizada por: ▾ | HEPATOPATÍAS

Antecedentes Personales: Historial Médico | Anamnesis General por Aparatos

☐ HTA
☐ DM
☐ Cardiopatía
☐ Neumopatía
☐ Insuficiencia Renal
☐ Disfunción tiroidea

☐ **Depresión**
☐ Epilepsia
☐ Retinopatía
☐ Patología Autoinmune
☐ **Embarazo actual**
☐ **Lactancia actual**

☐ IQ

Hábitos:

☐ **No alcohol**
☐ Alcohol ocasional
☐ Alcohol habitual
☐ **En deshabituación OH**
☐ **Exbebedor**

☐ **No fumador**
☐ Fumador
☐ **Exfumador**

☐ **No drogas**
☐ Drogas
☐ **Exdrogadicto**

Alcohol (observaciones): | Tabaco (observaciones): | Drogas (observaciones):

Antecedentes Familiares:

Vacunaciones: Hep B: ☐ SI ☐ NO ☐ ¿?   Hep A: ☐ SI ☐ NO ☐ ¿?

ENFERMEDAD ACTUAL: JC: Hepatitis Vírica ▾

☐ Astenia ☐ Adelgazam.
☐ Prurito ☐ Dolor abd.
☐ Ictericia ☐ Asintomático

Grupos de Riesgo:
☐ Drogadicción (ADVP)
☐ Hemodiálisis Transfusiones
☐ Transmisión sexual
☐ Profesional sanitario

Vía de infección (virus):

☐ No EA   ☑ Hepatitis Aguda   ☐ Hepatitis Crónica

☐ **HEPATITIS VIRAL**
☐ **Hepatitis Tóxica**
☐ **Hepatitis Autoinmune**
☐ **Cirrosis Biliar Primaria**

☐ **Hemocromatosis**
☐ **Enfermedad de Wilson**
☐ **Porfiria**
☐ **Déficit alfa-1-AT**

☐ Pinchazo o corte
☐ Contaminación cut-muc
☐ Otras prof de riesgo
☐ Tatuajes Piercing
☐ Áreas endémicas
☐ RN de madre infectada

☐ Conocida   ☐ Desconocida

Exploración Física: | Exploración Clínica Básica

☐ Hepatomegalia   ☐ Esplenomegalia
☐ **No ascitis** (*)   ☐ **No encefalopatía** (*)
☐ Ascitis moderada   ☐ Encefalopatía I-II
☐ Ascitis masiva   ☐ Encefalopatía III-IV

Analítica: Fecha analítica:

Hb (gr/dL):	1,2
Leucos (n/mm3):	12000
Neutrófilos (n/mm3):	10000
Neutrófilos (%):	23
Plaquetas (n/mm3):	234000

GOT-AST (U/L):
GPT-ALT (U/L):
FA (U/L):
GGT (U/L):
LDH (U/L):

VSG 1ª hora (mm):
Glucosa (mg/dL): | Ferritina (mg/dL):
Urea (mg/dL): | Sideremia (mg/dL):
Urato (mg/dL): | Transferrina (mg/dL):
Creatinina (mg/dL): (**) | IS (%):

Tasa Protrombina (%): 34 (*)   Bb Total (mg/dL): 2,3 (*)(**)
(**) INR: 23   Bb Directa (mg/dL): 1,2

Analíticas   Proteínas Totales (g/dL):

Colesterol Total (mg/dL): | TSH basal (uIU/mL):
LDL (mg/dL): | T4 libre (ng/mL):
HDL (mg/dL): | ANA:
Triglicéridos (mg/dL): | AMA:
alfa-1-AT (mg/dL): | ASMA:
Cobre (ug/dL): | Anti-LKM:
Ceruloplasmina (mg/dL): | ANCA:

(*) **Child-Pugh** /15
☐ A ☐ B ☐ C

MELD score: (**)
Supervivencia (3 meses):
Anti-gliadina:
Anti-endomisio:
Anti-transglutaminasa:
Anti-tiroideos:

Albúmina (g/dL): (*)
IgG (mg/dL):
IgA (mg/dL):
IgM (mg/dL):

Sistemático orina:

Porfirinas Orina 24 h:

Estudio genético Hemocromatosis: Alfa-FP (ng/mL):

Anti-VHA IgM: | HBsAg:
Anti-VHA IgG: | Anti-HBs:
Anti-HIV: | Anti-HBc Total:
VIH (Ag p24): | Anti-HBc IgM:
☐ Virus delta | Anti-HBc IgG:

HBeAg:
Anti-HBe:
DNA VHB (U/L):   **RNA VHC (U/L):**
Genotipo VHB: **Genotipo VHC:**

Anti-VHC:

Otros virus: **Fecha serología:**

Biopsia: Histología Hepática (fecha): | Anat Pat

tipo de lesión:
(esteatosis, esteatohepatitis, grado de inflamación, grado de fibrosis...) ⏻

ECO Abd: ECO | **TC:** TC | **RM:** RM | **Otras Pruebas Complementarias:** ECG

Medicaciones del paciente:

Nombre Comercial	Principios Activos	Dosis	Pauta	Activa	Desde	Hasta
▶						

Registro: |◀ ◀ | 1 ▶ ▶| ▶| de 1

Tratamiento: | **Seguimiento:** | **Consultas**

© Angel Vega Suárez
2007-2012

Exploraciones

- Conjunto de formularios que recogen los **datos obtenidos de la exploración médica del paciente.**

- Es posible acceder a ellos desde la pantalla de Control de Salud del Paciente. Además, cada formulario está diseñado para permitir el acceso (*de forma filtrada por el nº de historial médico*) a los formularios directamente relacionados.

- En el momento actual, GEPAC cuenta con un único formulario de exploraciones.

- **(41)** Formulario **EXPLORACIÓN CLÍNICA BÁSICA:**
    - De utilidad para registrar una exploración general del paciente.
    - Recogida de datos individuales en un cuadro de texto descriptivo para cada sistema **(41a)**, junto a unas casillas de verificación, de las pruebas realizadas **(41b)** y de las alteraciones más comunes **(41c)**, que van a facilitar el estudio colectivo de los datos.

(41) Formulario EXPLORACIÓN CLÍNICA BÁSICA:

Apellidos: PLANTILLA PLANTILLA
Nombre: Plantilla   Filiación   999   🔍   Pacientes: 999 ▾   **EXPLORACIÓN CLÍNICA BÁSICA**

Fecha: 31/12/2010   Exploración realizada por: Ángel Vega ▾   Anamnesis General

VALORACIÓN GENERAL - OBSERVACIONES:

ANTROPOMETRÍA E INSPECCIÓN GENERAL:

Normal.

Peso (Kg): [ ]   IMC: [ ]   IMC
Talla (cm): [ ]
CONSTITUCIÓN:
Tipo de Kretschmer:
☐ Asténico o leptosómico
☐ Atlético
☐ Pícnico
☐ Displásico

Tipos de Viola:
☐ **Normosómico**
☐ **Microsómico**
☐ **Macrosómico**

Alteraciones generales:
☐ Estado nutritivo
☐ Coloración piel
☐ Icteria/subictericia
☐ Arco plantar alterado
☐ Amiotrofias
☐ Alteraciones Cabeza y Cuello
☐ Alteraciones Tórax
☐ Alteraciones Abdomen
☐ Alteraciones EESS (dismetrías...)
☐ Alteraciones EEII (dismetrías...)

CARDIOVASCULAR:

Normal.

☐ **AUSCULTACIÓN CARDÍACA**
Frecuencia Cardíaca (ppm): [ ]
TAS (mmHg): [ ]   TA
TAD (mmHg): [ ]

Exploración de pulsos:
☐ Radial izquierdo   ☐ Radial derecho
☐ Tibial izquierdo   ☐ Tibial derecho
☐ Pedio izquierdo   ☐ Pedio derecho

RESPIRATORIO:

Normal.

☐ **AUSCULTACIÓN RESPIRATORIA**

ESTOMATOLÓGICO-DIGESTIVO:

Normal.

☐ **Dentadura en buen estado**
☐ **Caries dental**   ☐ Ribete de Burton
☐ **Boca séptica**
☐ **Falta de piezas dentales**

☐ Puntos dolorosos
☐ Puntos herniarios
☐ Hepatomegalia
☐ Esplenomegalia
☐ Ascitis

GENITO-URINARIO:

Exploraciones realizadas:
☐ Puñopercusión riñón izquierdo   ☐ Testículo izquierdo
☐ Puñopercusión riñón derecho   ☐ Testículo derecho

Mamas:

Exploraciones realizadas:
☐ Mama izquierda   ☐ Mama derecha

ENDOCRINO-METABÓLICO:

Pruebas realizadas:
☐ **Tiroides (inspección, palpación)**

LOCOMOTOR:

Normal.

(41a)

Pruebas realizadas: **(41b)**
☐ **Percusión apófisis espinosas**
☐ **Flexión columna dorsolumbar**

Alteraciones: **(41c)**
☐ Limitación movilidad articular
☐ Derrame articular

NEUROLÓGICO-PSÍQUICO:

Normal.

Pruebas realizadas:
☐ Prueba índice-nariz
☐ Prueba Romberg
☐ Marcha
☐ Pares craneales

ROT:
☐ **Rotuliano I**   ☐ **Rotuliano D**
☐ Aquileo I   ☐ Aquileo D
☐ ES izq   ☐ ES dcha
☐ Sensibilidad cutánea

☐ Schober
☐ Lasègue I
☐ Lasègue D

☐ Phalen I
☐ Phalen D
☐ Tinel I
☐ Tinel D
☐ Finkelstein I
☐ Finkelstein D

DERMATOLÓGICO:

Normal.

☐ Descamaciones
☐ Erupciones
☐ Cicatrices
☐ Tatuajes
☐ Lunares

GANGLIOS:

Normal.

Regiones exploradas:
☐ **Ganglios Cervicales**
☐ Ganglios Supraclaviculares
☐ Ganglios Axilares
☐ Ganglios Inguinales

SENTIDOS-ORL:

Normal.

Pruebas realizadas:
☐ **Inspección ocular**
☐ **Reactividad pupilar**
☐ **Motilidad ocular extrínseca**

☐ **Otoscopia OI**
☐ **Otoscopia OD**
☐ Acumetría
☐ Rinoscopia
☐ **Orofaringe**

Registro: I◄ ◄ [1] ► ►I ►＊ de 1 (Filtrado)

Pruebas Complementarias

- Conjunto de formularios que recogen los **datos encontrados en las pruebas complementarias realizadas al paciente.**

- Esquema similar para todos ellos, con uno o varios controles para el registro de las *características específicas de la prueba* y/o de los *resultados numéricos obtenidos*; en algunos casos, un control de *resumen y/o valoración*; y, en todos los casos, un control de *observaciones*.

- **(51)** Formulario **TENSIÓN ARTERIAL:**
  - Incluye el subformulario **Histórico de Tensiones Arteriales.**
- **(52)** Formulario **ÍNDICE DE MASA CORPORAL:**
  - Incluye el subformulario **Histórico de IMC.**
- **(53)** Formulario **ANALÍTICA:**
  - Trucos:
    - Resulta útil crear <u>PLANTILLAS</u> de diversos perfiles analíticos **(53a)** para facilitar el registro de los datos comunes. *Para ello, buscar el registro plantilla que se desea copiar, pulsar la barra selectora de registros y a continuación los botones copiar, crear nuevo registro y pegar; finalmente, seleccionar al paciente en el listado y anotar los datos diferenciales de su analítica en el resto de campos (fecha, resumen, observaciones...).*
- **(54)** Formulario **ELECTROCARDIOGRAMA.**
- **(55)** Formulario **ESPIROMETRÍA.**
- **(56)** Formulario **PEAK-FLOW:**
  - Incluye el subformulario **Histórico de Peak-Flow.**
- **(57)** Formulario **CONTROL VISIÓN.**
- **(58)** Formulario **AUDIOMETRÍA.**
- **(59)** Formulario **MANTOUX:**
  - Incluye el subformulario **Histórico de Mantoux.**
- **(60)** Formulario **ANATOMÍA PATOLÓGICA.**
- **(61)** Formulario **RX.**
- **(62)** Formulario **ECOGRAFÍA.**
- **(63)** Formulario **TOMOGRAFÍA COMPUTERIZADA.**
- **(64)** Formulario **RESONANCIA MAGNÉTICA.**
- **(65)** Formulario **ENDOSCOPIA.**

- **(69)** Formulario **OTRAS PRUEBAS COMPLEMENTARIAS.**

(51) Formulario TENSIÓN ARTERIAL:

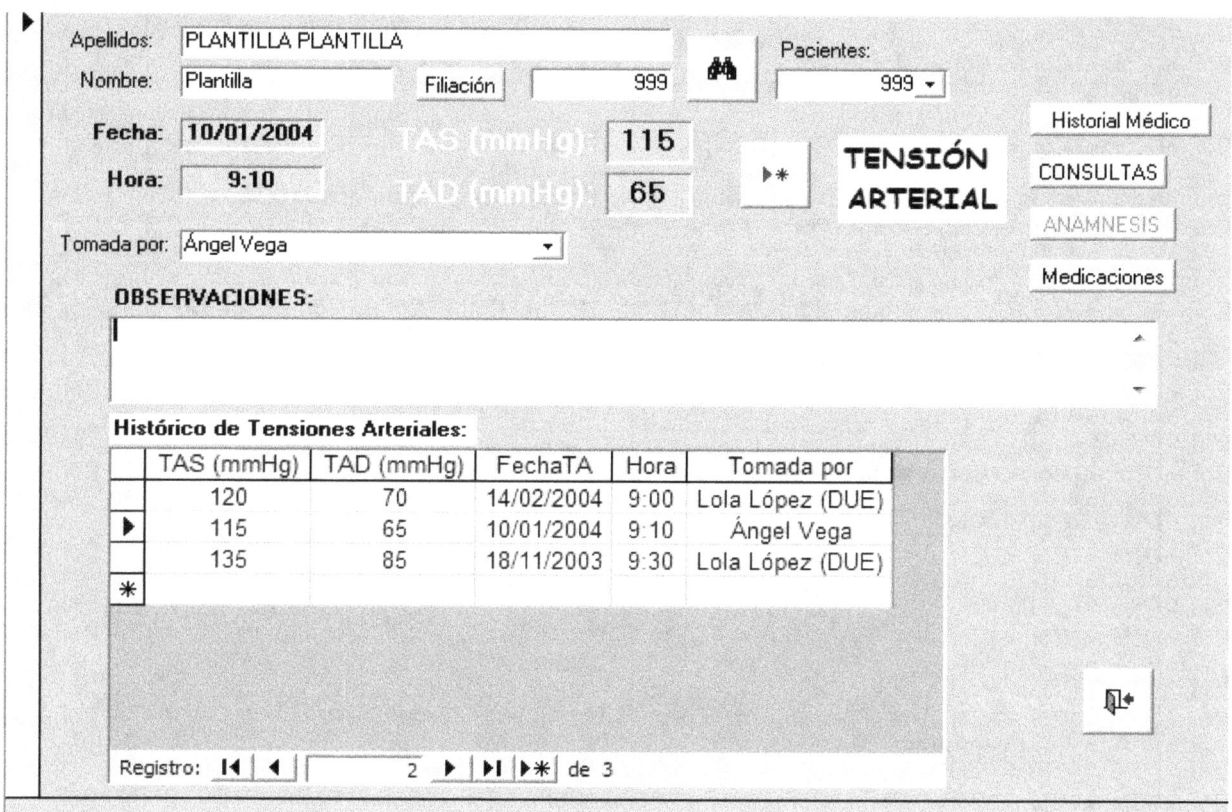

(52) Formulario ÍNDICE DE MASA CORPORAL:

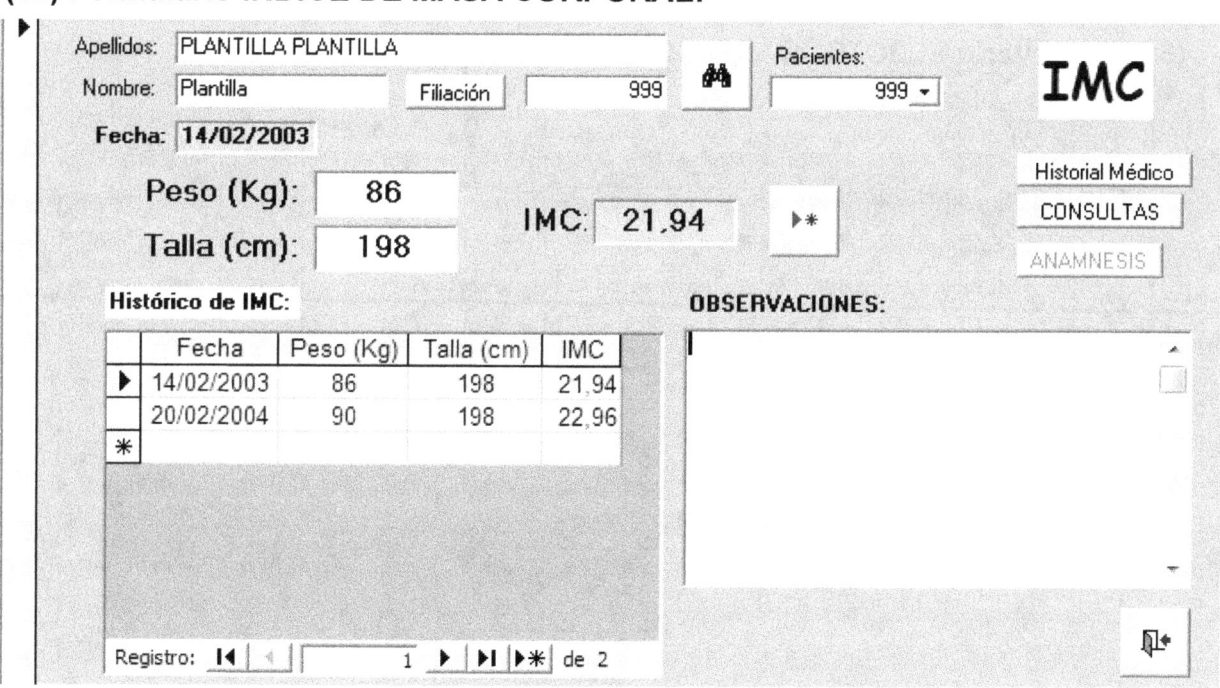

(53) Formulario ANALÍTICA:

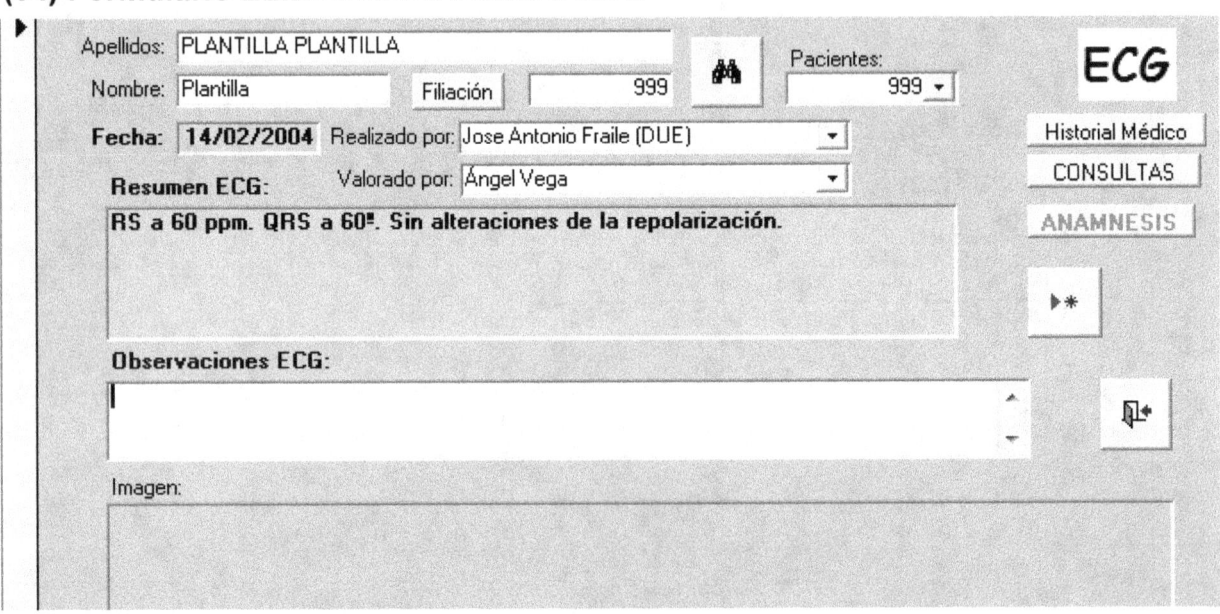

ANALÍTICAS

Apellidos: PLANTILLA PLANTILLA

Nombre: Plantilla   Filiación   999   Pacientes: 999 ▾

Historial Médico

Consultas

Tipo de Análisis: PROTOCOLO ESPECÍFICO PACIENTE EN DESHABITUACIÓN ALCOHÓLICA **(53a)**

Solicitante: Angel Vega ▾   Fecha de solicitud:

ANAMNESIS

Fecha: Realizada por: Laboratorio Hospital Santiago ▾

Perfiles y/o parámetros analizados:

Hemograma completo (valorar VCM) y VSG.
Bioquímica suero: Perfíl básico (glucosa, ácido úrico, colesterol, creatinina, GOT, GPT). GGT. TGs.
Bilirrubina total y directa. Potasio. Fósforo. Serie férrica.
Proteinas totales. Proteinograma. CDT (ingestas 10-12 días antes; ingesta continuada). **(53a)**
Orina: Sistemático y sedimento. Etanol (ingesta reciente).

▶*

RESULTADOS:

OBSERVACIONES:

(54) Formulario ELECTROCARDIOGRAMA:

Apellidos: PLANTILLA PLANTILLA

Nombre: Plantilla   Filiación   999   Pacientes: 999 ▾

ECG

Fecha: **14/02/2004** Realizado por: Jose Antonio Fraile (DUE) ▾

Historial Médico

Resumen ECG: Valorado por: Ángel Vega ▾

CONSULTAS

ANAMNESIS

RS a 60 ppm. QRS a 60º. Sin alteraciones de la repolarización.

▶*

Observaciones ECG:

▯+

Imagen:

(55) Formulario ESPIROMETRÍA:

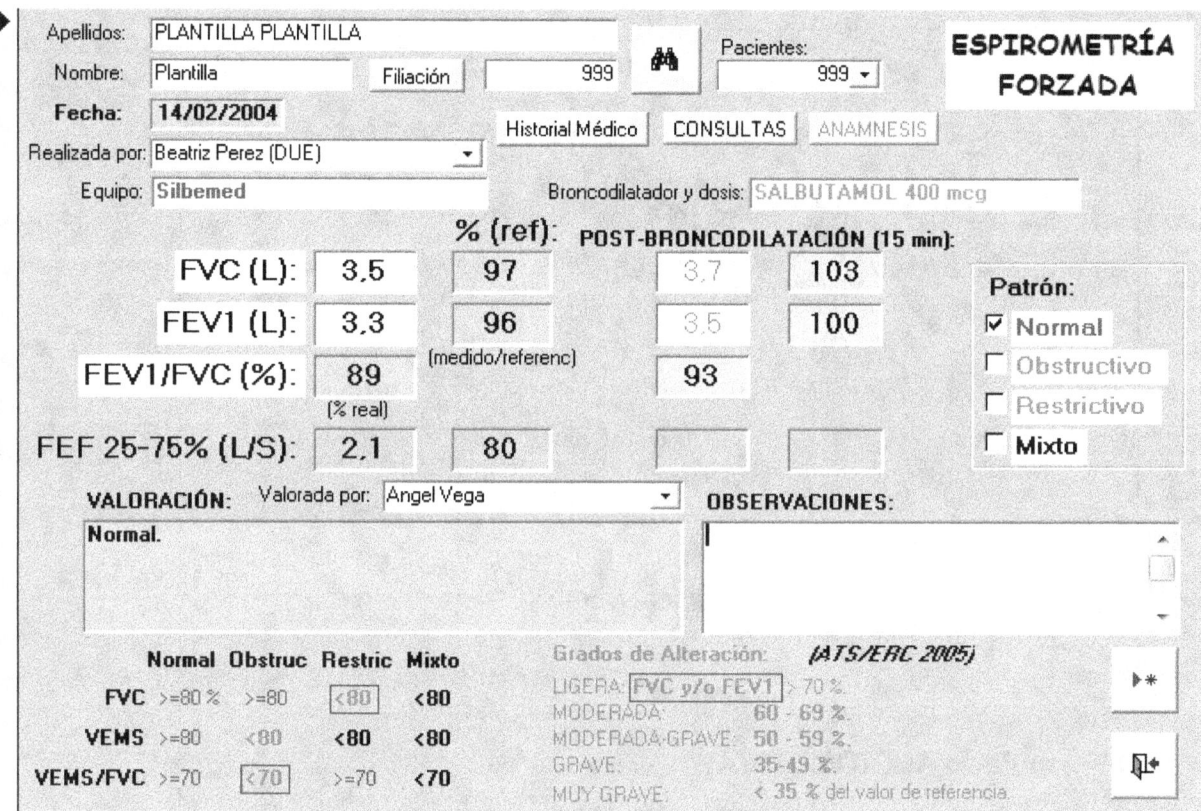

(56) Formulario PEAK-FLOW:

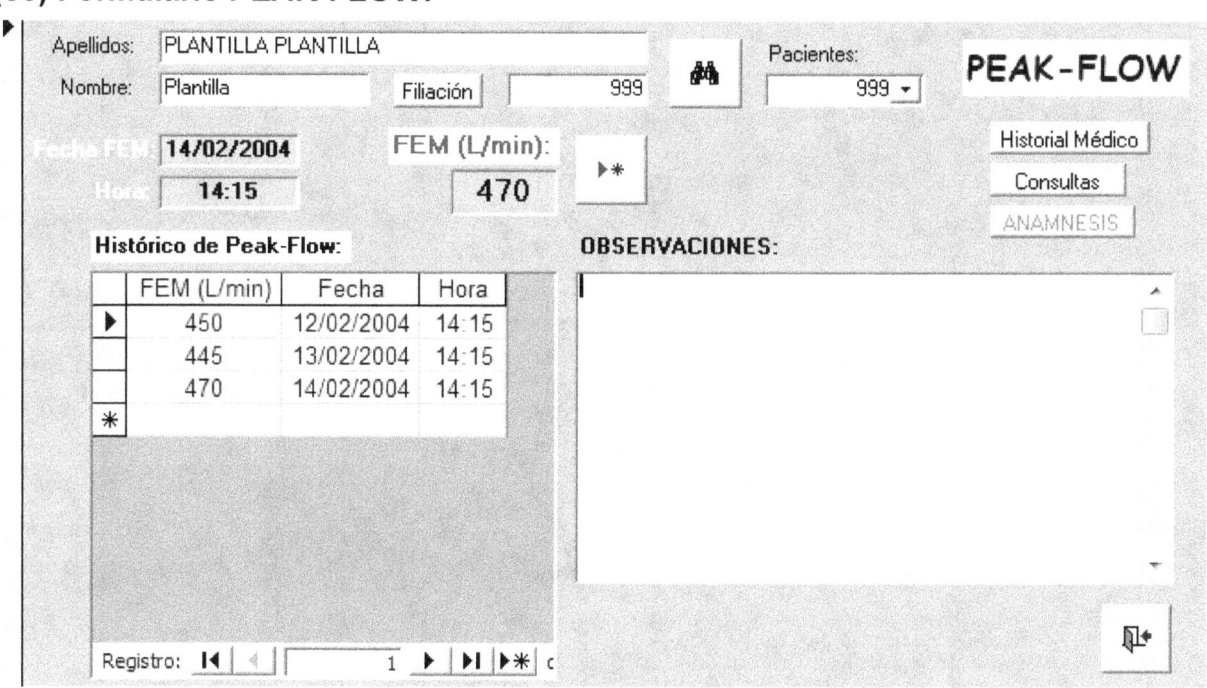

(57) Formulario CONTROL VISIÓN:

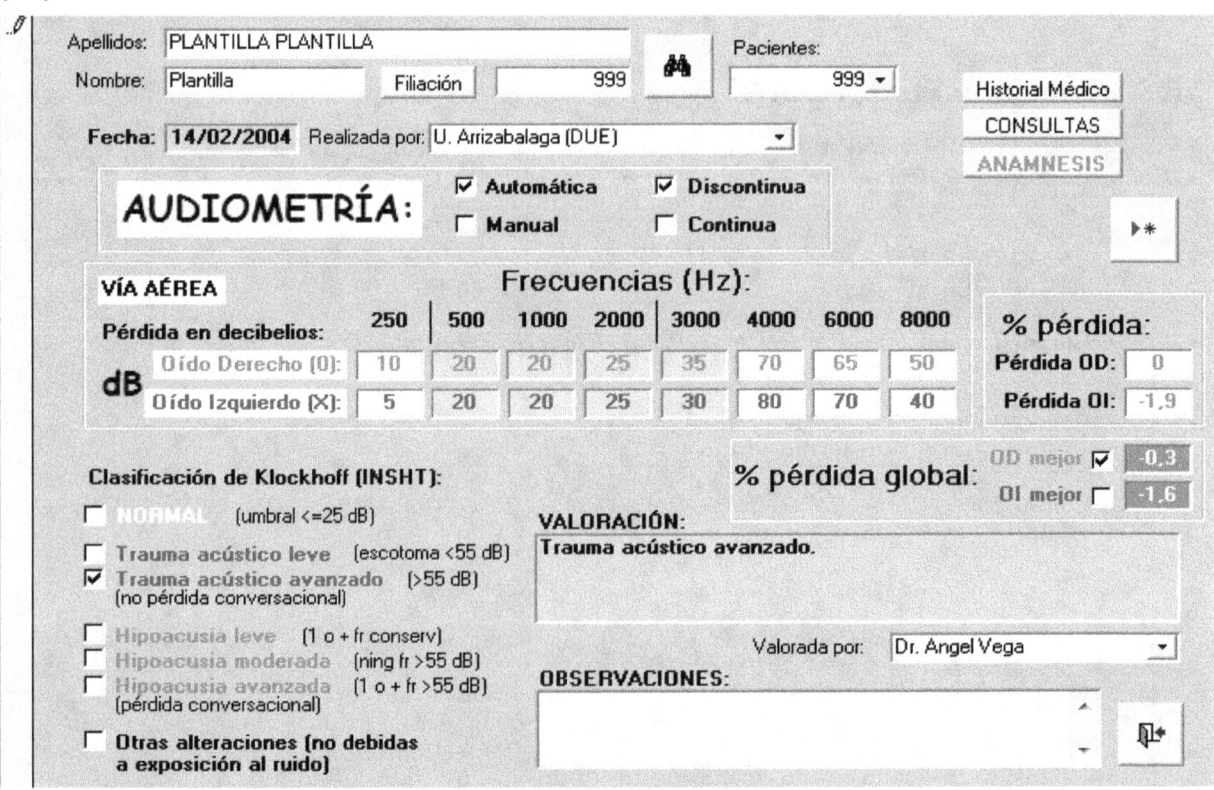

CONTROL VISIÓN

Apellidos: PLANTILLA PLANTILLA
Nombre: Plantilla   Filiación   999   Pacientes: 999

Fecha CV: 14/02/2001   Realizado por: Lola López (DUE)   Equipo: Visiotest

☑ **Corrección óptica**   ☑ Lejos OD ☐ Cerca OD   ☐ Progresivas ☐ Lentillas
                         ☑ Lejos OI ☐ Cerca OI

Agudeza Visual:

	Derecho	Izquierdo	Binocular	Normal si:
LEJOS	12	12	12	> 10/12
Valor de referencia: 12 CERCA	10	8	8	> 6/12
Distancia de trabajo				> 8/12

Historial Médico
CONSULTAS
Anamnesis

☐ Signos de astigmatismo
☐ Alterac visión estereoscópica
☐ Alterac duócromo
☐ Forias
☐ Alterac visión cromática
☐ Alterac CV horizontal

VALORACIÓN:
Normal.

OBSERVACIONES: Valorado por: Ángel Vega

☑ **Visión buena**
☐ Visión deficiente

(58) Formulario AUDIOMETRÍA:

Apellidos: PLANTILLA PLANTILLA
Nombre: Plantilla   Filiación   999   Pacientes: 999

Historial Médico
CONSULTAS
ANAMNESIS

Fecha: 14/02/2004   Realizada por: U. Arrizabalaga (DUE)

AUDIOMETRÍA: ☑ Automática   ☑ Discontinua
                    ☐ Manual   ☐ Continua

VÍA AÉREA   **Frecuencias (Hz):**

Pérdida en decibelios:	250	500	1000	2000	3000	4000	6000	8000
dB Oído Derecho (0):	10	20	20	25	35	70	65	50
Oído Izquierdo (X):	5	20	20	25	30	80	70	40

% pérdida:
Pérdida OD: 0
Pérdida OI: -1,9

Clasificación de Klockhoff (INSHT):

☐ NORMAL   (umbral <=25 dB)

☐ Trauma acústico leve   (escotoma <55 dB)
☑ Trauma acústico avanzado   (>55 dB)
  (no pérdida conversacional)

☐ Hipoacusia leve   (1 o + fr conserv)
☐ Hipoacusia moderada   (ning fr >55 dB)
☐ Hipoacusia avanzada   (1 o + fr >55 dB)
  (pérdida conversacional)

☐ Otras alteraciones (no debidas
  a exposición al ruido)

% pérdida global: OD mejor ☑ 0,3   OI mejor ☐ -1,6

VALORACIÓN:
Trauma acústico avanzado.

Valorada por: Dr. Angel Vega

OBSERVACIONES:

(59) Formulario MANTOUX:

Apellidos: PLANTILLA PLANTILLA

Nombre: Plantilla   **Filiación**   999   **Pacientes:** 999 ▾   **MANTOUX**

Fecha de inyección: 14/02/2004

Fecha de lectura: 17/02/2004

Induración (mm): 16

BOOSTER:
Fecha inyecc:
Fecha lect:
Induración (mm):

INTERPRETACIÓN:
☐ **Negativo**
☐ Positivo
☑ **Convertor**

Leído por:
Angel Vega ▾

▶*

OBSERVACIONES:

Historial Médico

Consultas

Histórico de Mantoux:

	Fecha Mantoux	Induración (mm)	Booster (fecha)	Booster (mm)
▶	17/02/2000	0	28/02/2000	0
	17/02/2002	0		
	17/02/2004	16		
*				

Registro: ⏮ ◀   1   ▶ ⏭ ▶* de 3

PPD (+) >= 5 mm: Población de riesgo muy elevado (contactos íntimos, VIH+, inmunodeprimidos, lesión Rx de TBC antigua no tratada).
PPD (+) >= 10 mm: Población de riesgo elevado (UDVP, inmigrantes <5 a, enf de R: silicosis, DM, IRC, leuc..., trabaj de R: sanit...).
PPD (+) >= 15 mm: Población sin factores de riesgo.
"Como la administración de la vacuna BCG genera positividad en la prueba de la tuberculina, durante los 10 años siguientes a su aplicación se considera prueba de la tuberculina positiva al diámetro de induración mayor o igual a 15 mm."

Indicaciones de BOOSTER: (a los 7-14 días)
Pacientes con primera prueba negativa (<10 mm) si:
- Vacunación BCG hace menos de 10 años.

(60) Formulario ANATOMÍA PATOLÓGICA:

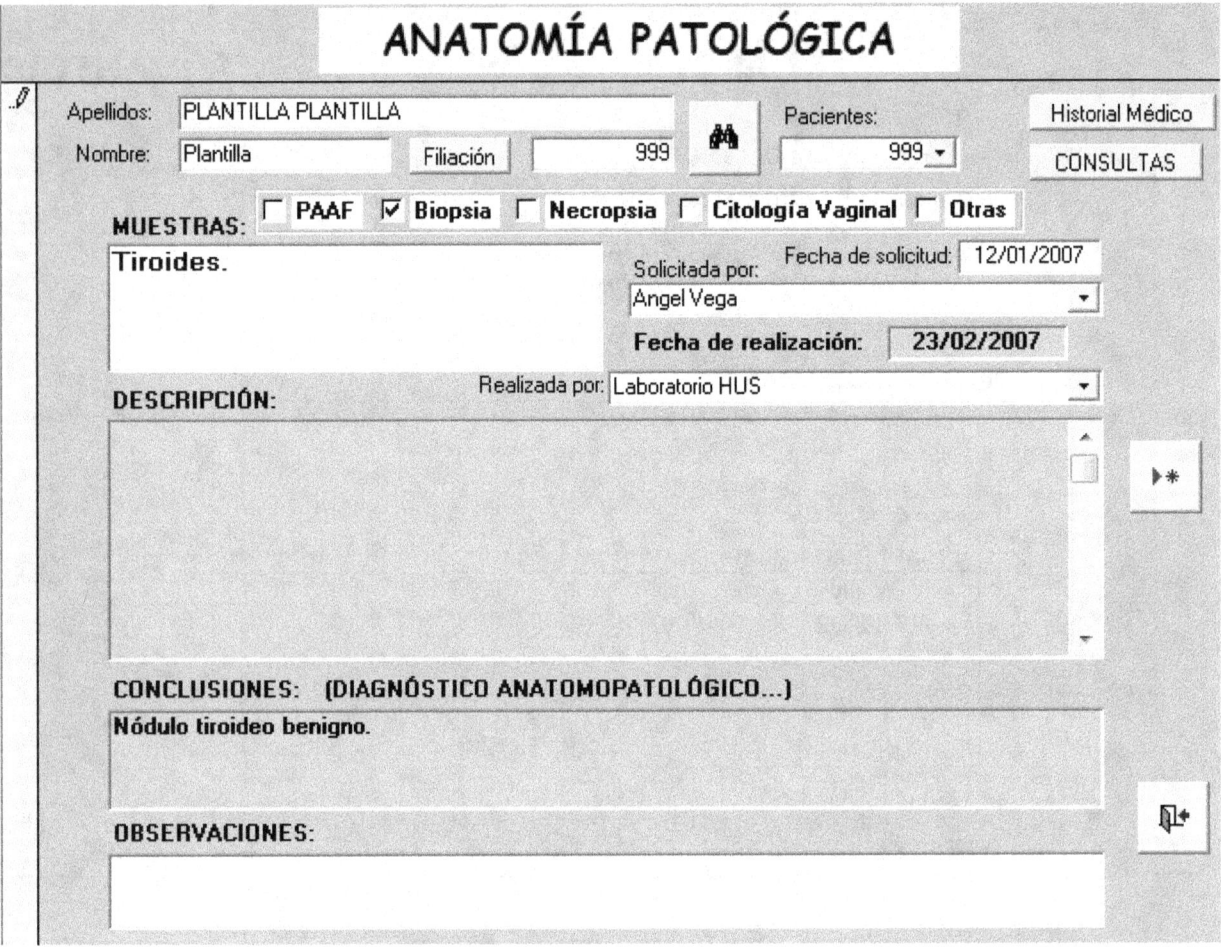

(61) Formulario RX:

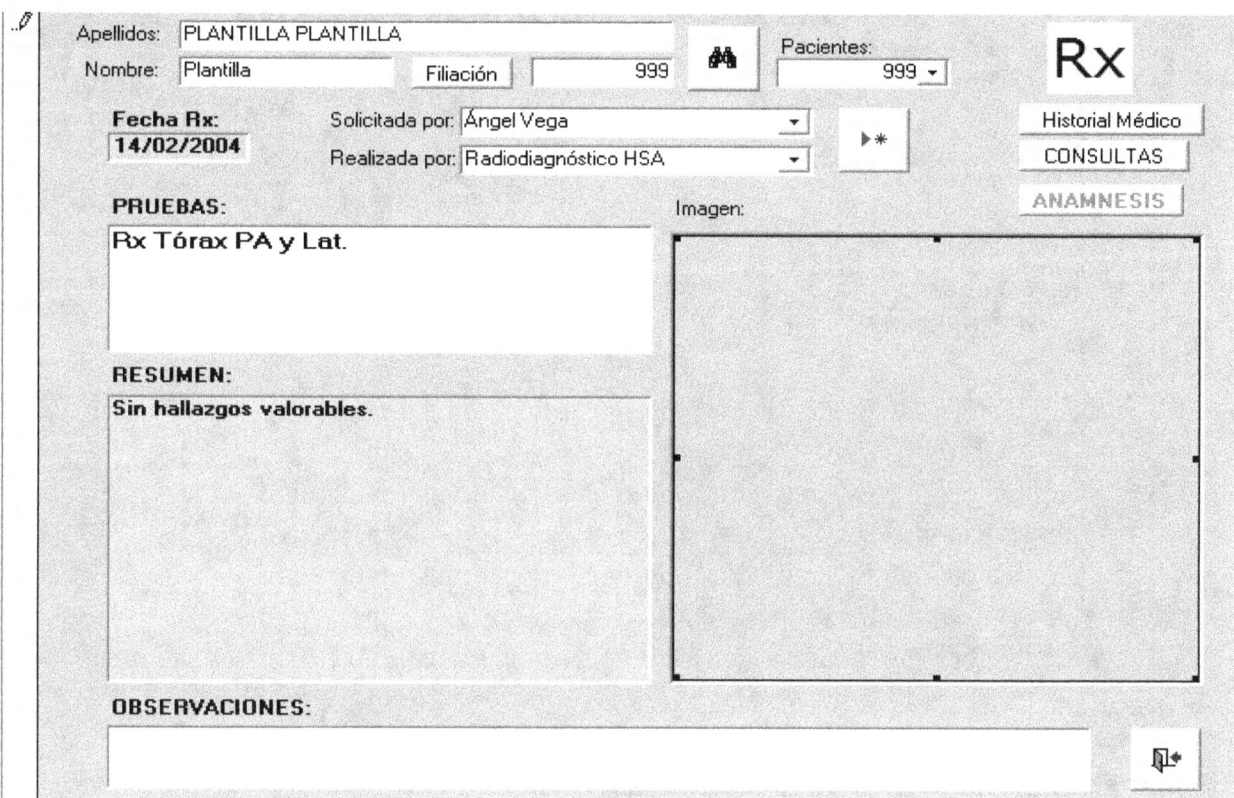

(62) Formulario ECOGRAFÍA:

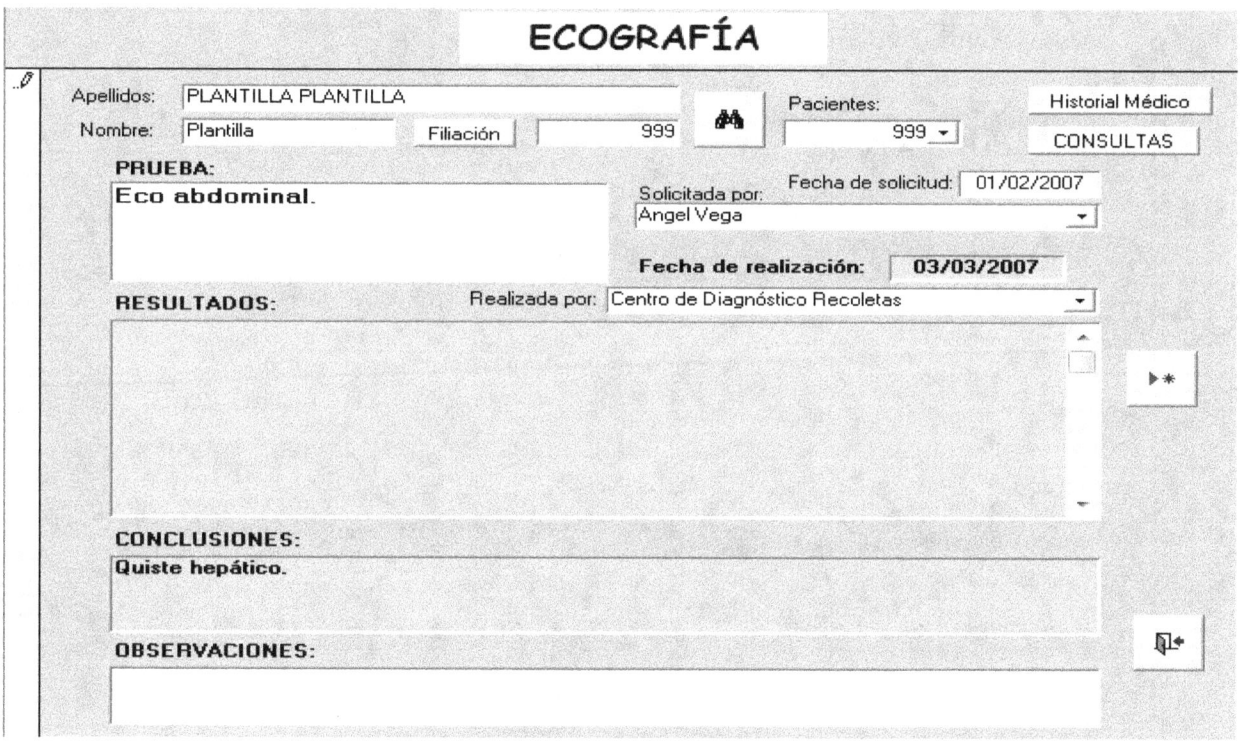

(63) Formulario TOMOGRAFÍA COMPUTERIZADA:

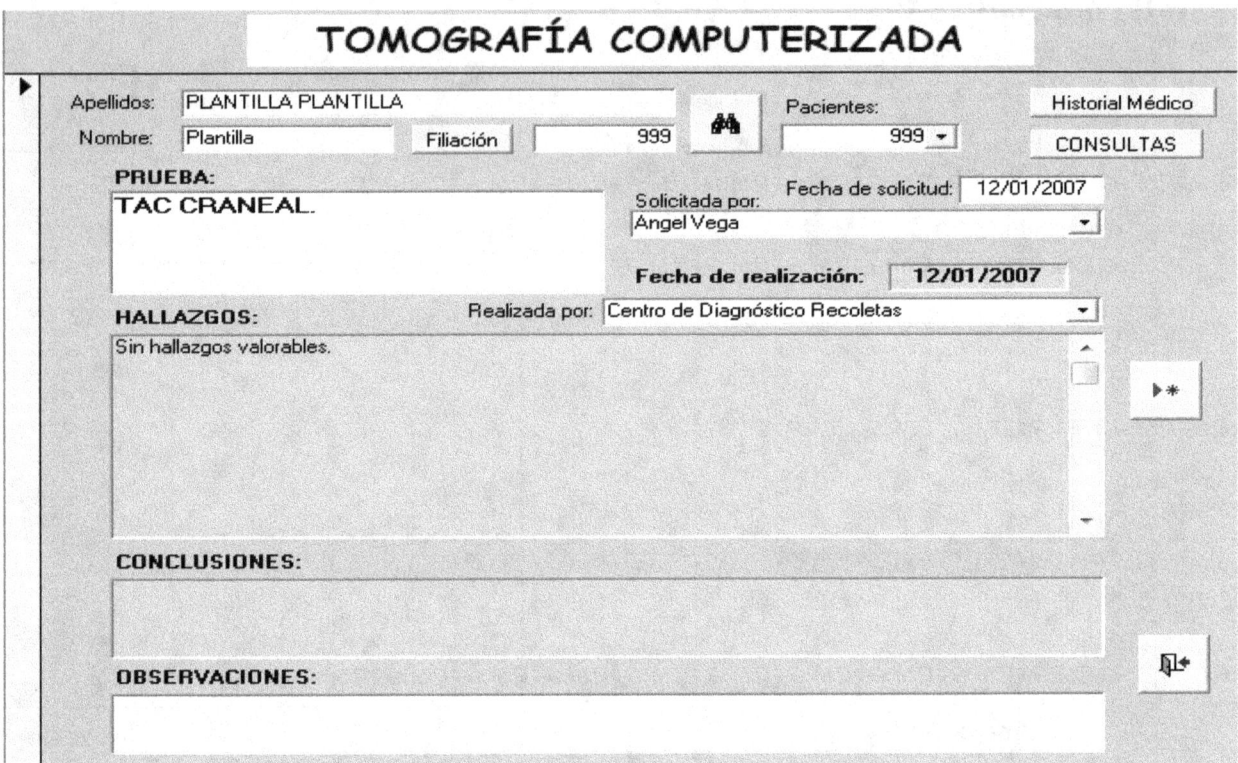

(64) Formulario RESONANCIA MAGNÉTICA:

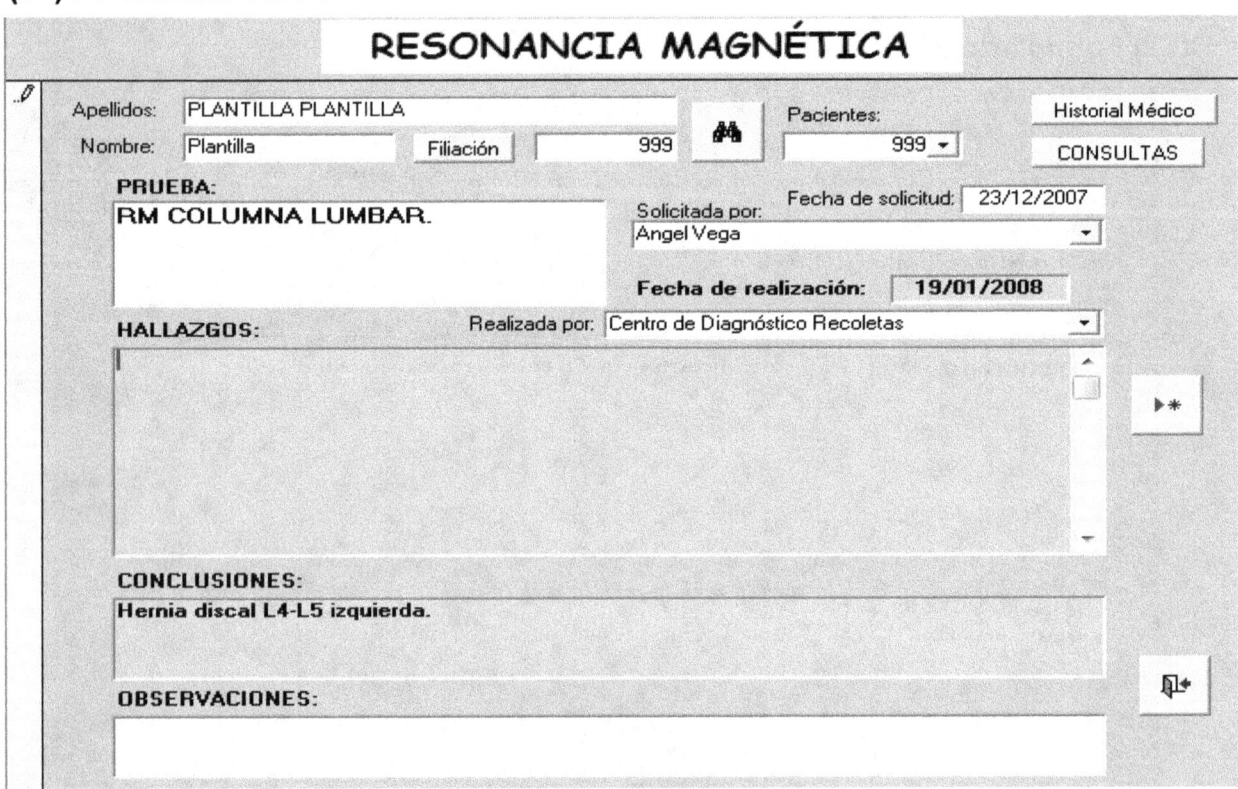

(65) Formulario ENDOSCOPIA:

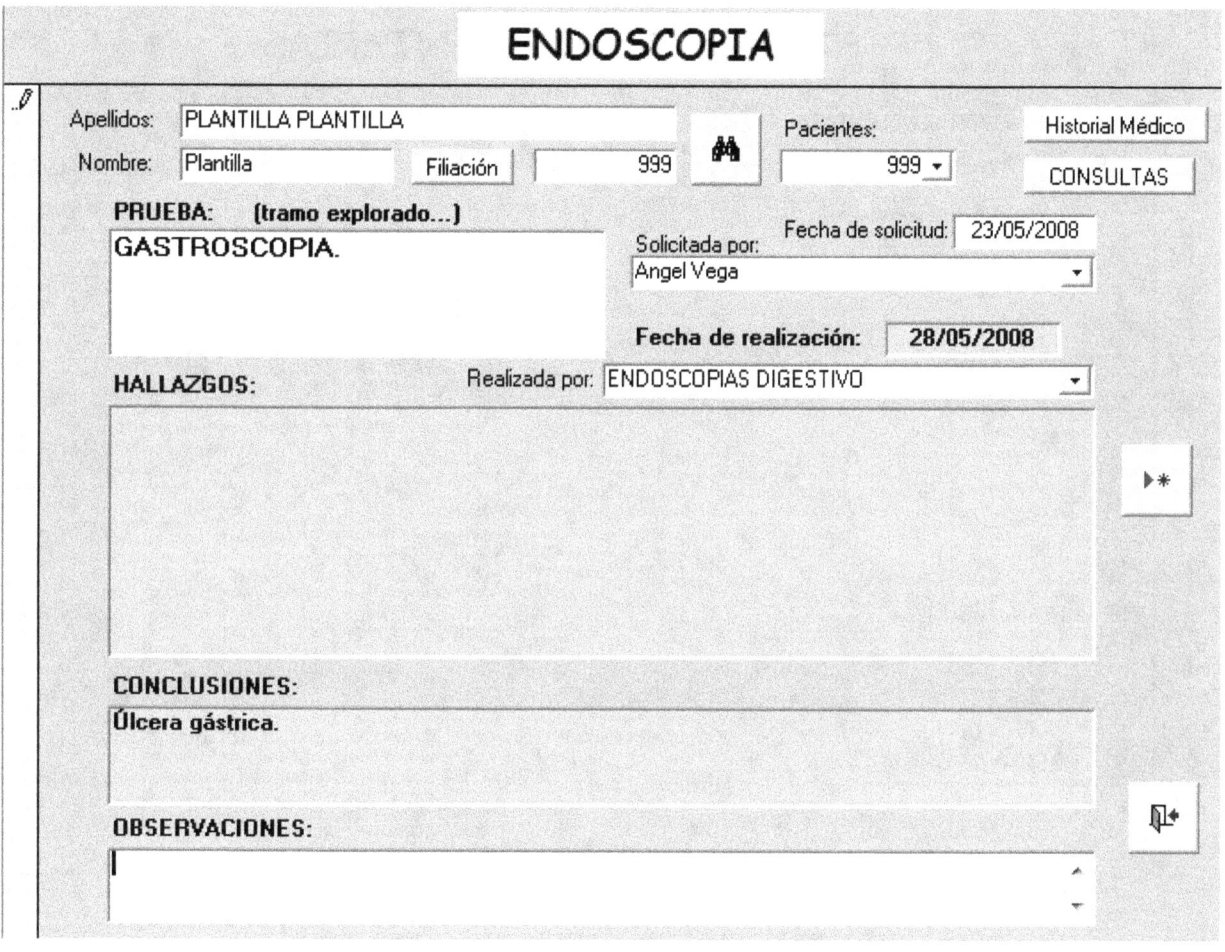

(69) Formulario OTRAS PRUEBAS COMPLEMENTARIAS:

PRUEBAS COMPLEMENTARIAS

Apellidos: PLANTILLA PLANTILLA

Nombre: Plantilla   Filiación   999   Pacientes: 999 ▾

Historial Médico

CONSULTAS

ANAMNESIS

Prueba Complementaria:
SPECT cerebral.

Solicitada por:
Angel Vega ▾

Realizada por:
IMAGEN DIAGNÓSTICA, S. L. ▾

Fecha Prueba: 15/01/2009

RESULTADOS:
Sin hallazgos significativos.

▶*

CONCLUSIONES:

OBSERVACIONES:

Citaciones

- Formulario de utilidad para la asignación de **citas previas** a los pacientes.
- Permite el registro de la fecha y hora de la cita, el motivo de la visita y el profesional sanitario que atenderá al paciente.
- Al acceder al formulario desde la pantalla GESTIÓN de datos colectivos **(1)**, visualizamos las **citas de todos los pacientes.**
  - Trucos:
    - Usar el icono <u>Filtro por selección</u> **(2)**, para ver las citas previstas en una fecha o las citas para un profesional sanitario (*previamente, seleccionar el valor determinado en el registro correspondiente*).
    - Usar los iconos <u>Orden ascendente</u> **(3)** y <u>Orden descendente</u> **(4)**, para ordenar las citas de forma cronológica (*previamente, colocar el cursor en un registro de Fecha*).
- Desde la pantalla PRINCIPAL, Control de Salud Individual **(5)**, podemos acceder a las **citas específicas de cada paciente.**

Formulario CITA PREVIA:

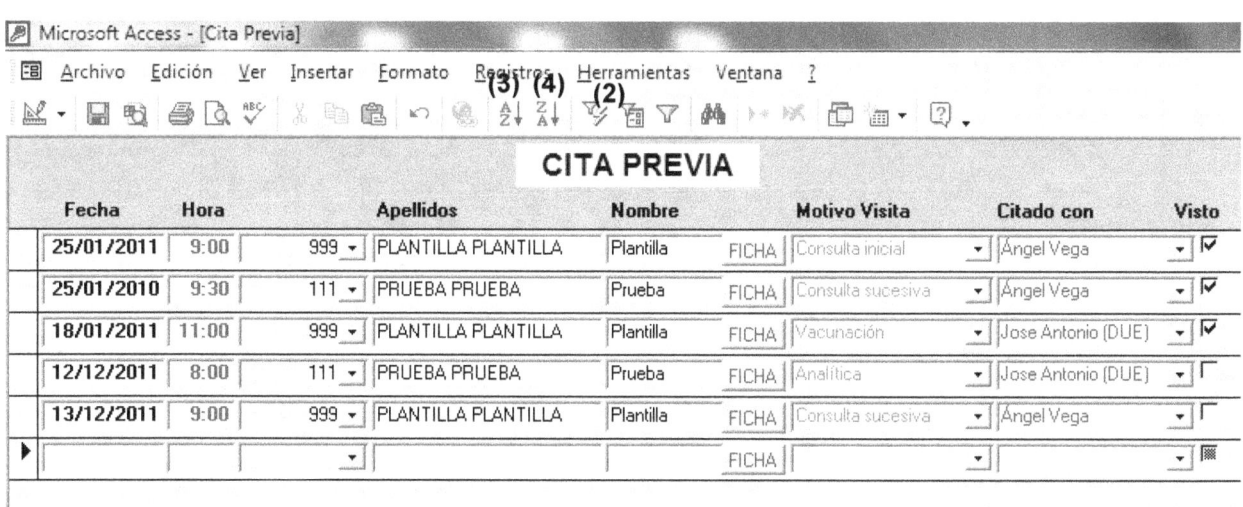

Facturación

- Formulario de utilidad para la elaboración y emisión de facturas a los pacientes, siendo de especial interés en el ámbito privado.
- Contiene el subformulario **Actividades Facturadas** para cada factura emitida.
- Al acceder al formulario desde la pantalla GESTIÓN de datos colectivos **(1)**, visualizamos las **facturas de todos los pacientes.**
- Desde la pantalla PRINCIPAL, Control de Salud Individual **(2)**, podemos acceder a las **facturas de cada paciente.**
- Permite visualizar e imprimir un INFORME (iF): Solicita el <u>código de factura</u>.

Formulario FACTURACIÓN:

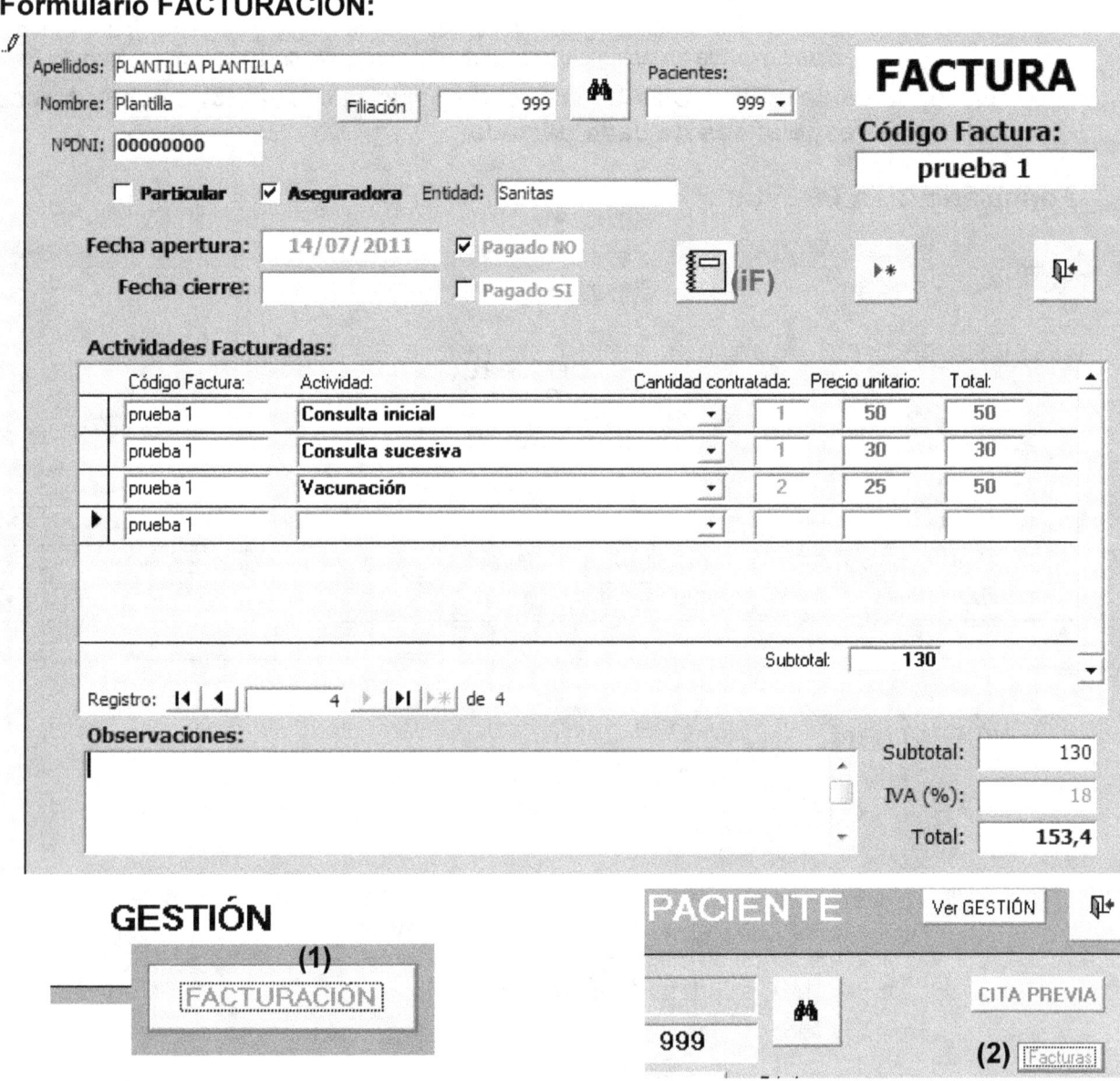

© Angel Vega Suárez
2007-2012

Listados

- Conjunto de **formularios y/o tablas "independientes"** (*registros no directamente relacionados con el número de historial médico*), que recogen **listas de datos complementarios** para facilitar la gestión del control de la salud.
- Sus campos principales se han incluido en diversos *cuadros combinados*, desplegables dentro del resto de formularios de GEPAC.

- El acceso a los listados en **formato formulario** es posible desde la pantalla de GESTIÓN de datos colectivos.
- Listados en formato formulario:
    - **(L1)** Formulario Listado de **Recursos.**
        - Recursos Humanos y Asistenciales frecuentes en GEPAC.
    - **(L2)** Formulario Listado de **Fármacos.**
        - Fármacos de utilización habitual y características principales.
    - **(L3)** Formulario Lista de **Ingresos.**
        - Permite visualizar e imprimir el INFORME Lista de Ingresos (iL3):
            - Ingresos pendientes de alta (iL3a).
            - Ingresos **por fecha de ingreso (iL3b):** solicita <u>rango de fechas</u>.
            - Ingresos por fecha de alta (iL3c): solicita <u>rango de fechas</u>.
    - **(L4)** Formulario **Documentos de Información – Educación Sanitaria:**
        - Permite visualizar e imprimir un INFORME (iL4): Solicita el <u>código del documento</u>.

- Para acceder a los listados en **formato tabla**, pulsar el botón <u>Ventana base de datos</u> de la barra de herramientas (o ir al <u>menú Ventana - Base de datos</u>), y en Objetos - Tablas, seleccionar la tabla específica y pulsar <u>Abrir</u> para ver, añadir o eliminar registros.
- Listados en formato tabla:
    - Tabla **Lista de Actividades.**
    - Tabla **Lista de Dosis.**
    - Tabla **Lista de Grupos Famacológicos.**
    - Tabla **Lista de Grupos Terapéuticos.**
    - Tabla **Lista de Pautas.**
    - Tabla **Lista de Principios Activos.**
    - Tabla **Lista de Vacunas.**
    - Tabla **Listado de Enfermedades.**
    - Tabla **Tipo de Analítica.**
    - Tabla **Tipo de Asistencia en Enfermería.**
    - Tabla **Tipos de Actividad física.**
    - Tabla **Tipos de Nivel de Riesgo.**

(L1) Formulario Listado de **Recursos:**

LISTADO DE RECURSOS

Nombre:	Recursos Humano:	Descripción:	Recurso Asistencial:
Ángel Vega	☑	Médico de Familia	☐
Centro de Diagnóstico Recoletas	☐		☑
DIGESTIVO (CONSULTA)	☐		☑
DIGESTIVO (HOSPITALIZACIÓN)	☐		☑
EAP Alamedilla	☐		☑
EAP Garrido Norte	☐		☑
EAP San Bernardo	☐		☑
EAP San José	☐		☑
EAP San Juan	☐		☑
HEPATOLOGÍA (CONSULTA)	☐		☑
Laboratorio Clínico HUS	☐	Laboratorio General Hospital Universitario de Salamanca	☑
Laboratorio de Microbiología HUS	☐		☑
Lola López	☑	Enfermera	☐
MEDICINA INTERNA (HOSPITALIZACIÓN)	☐		☑
RADIOLOGÍA	☐		☑
URGENCIAS HOSPITAL CLÍNICO	☐		☑
URGENCIAS PAC	☐		☐
	▨		▨

© Angel Vega Suárez
2007-2012

(L2) Formulario Listado de **Fármacos:**

LISTADO DE FÁRMACOS

Nombre Comercial: Laboratorio:

Zaldiar

Composición: Financiado ☑

	Principios Activos	Conc/Cant
▶	PARACETAMOL	325 mg
	TRAMADOL	37,5 mg
*		

Registro: ◀◀ ◀   1   ▶ ▶▶ ▶* de 2

Grupos Terapéutico - Farmacológico:

ANALGÉSICOS ▾

ASOCIACIONES ▾

☑ Habitual

Preparados:

Comp 325/37,5 mg.

Indicaciones:

Posología:

Efectos 2os:

Precauciones:

Contraindicaciones:

Interacciones:

Gestación-Lactancia:

Insuficiencia Renal-Hepática:

Sobredosis:

Observaciones:

(L3) Formulario Lista de **Ingresos:**

Lista de Ingresos

Cama:	NºHist:	Nombre:	Apellidos:	M	V	Edad:		Diagnóstico provisional:
	999	Plantilla	PLANTILLA PLANTILLA	☐	☐		Filiación	

Motivo de ingreso:		Fecha Ingreso:	Fecha Alta:	Días:	Ver Informe
PLANTILLA DE INGRESO		01/01/2007			

Cama:	NºHist:	Nombre:	Apellidos:	M	V	Edad:		Diagnóstico provisional:
	210537	María Paloma	RUEDA IGLESIAS	☑	☐	47	Filiación	NEUMONÍA POR VARICELA.

Motivo de ingreso:		Fecha Ingreso:	Fecha Alta:	Días:	Ver Informe
Erupción cutánea, fiebre, MEG y mialgias.		28/06/2007	28/06/2007	0	

Cama:	NºHist:	Nombre:	Apellidos:	M	V	Edad:		
▶							Filiación	

Motivo de ingreso:		Fecha Ingreso:	Fecha Alta:	Días:	Ver Informe

(iL3b)

IMPRIMIR LISTAS:

Ingresos por FECHA DE INGRESO

Ingresos PENDIENTES DE ALTA

Ingresos por FECHA DE ALTA

(iL3a)

(iL3c)

(L4) Formulario Listado de **Documentos de Información – Educación Sanitaria:**

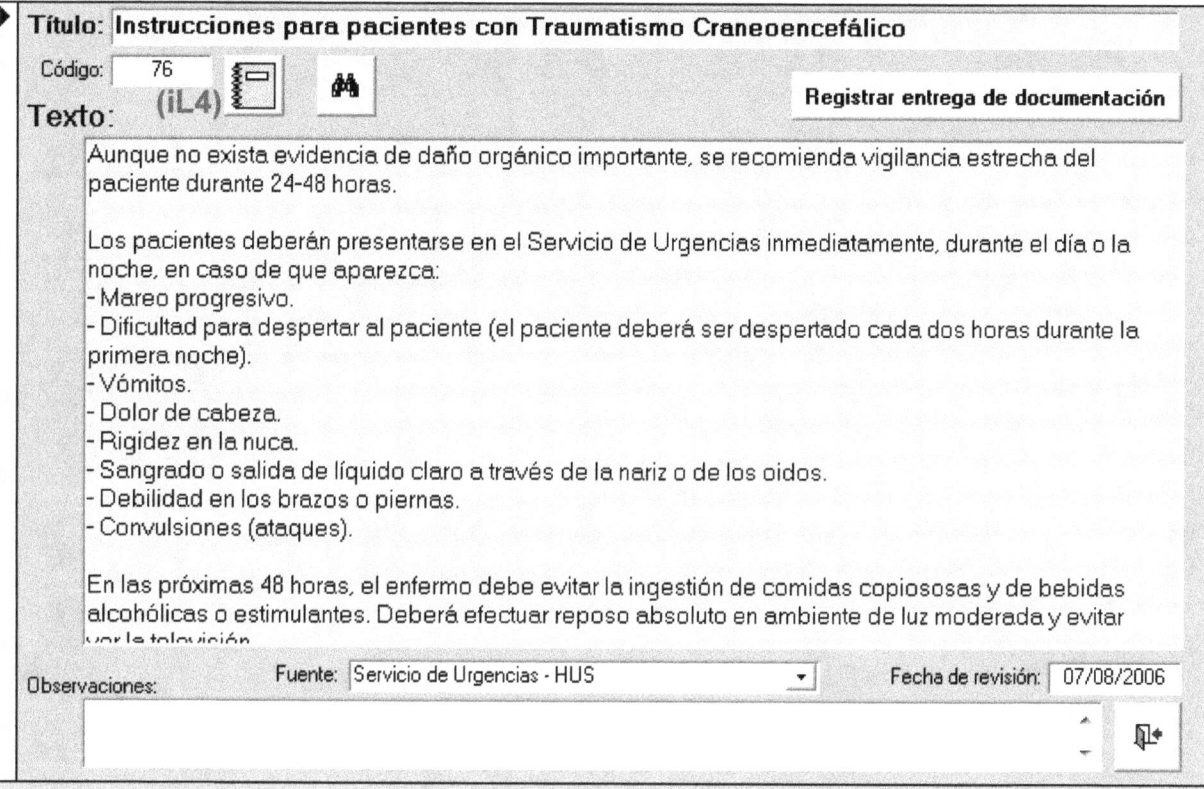

DOCUMENTOS DE INFORMACIÓN - EDUCACIÓN SANITARIA

Título: Instrucciones para pacientes con Traumatismo Craneoencefálico

Código: 76   (iL4)   **Registrar entrega de documentación**

Texto:

Aunque no exista evidencia de daño orgánico importante, se recomienda vigilancia estrecha del paciente durante 24-48 horas.

Los pacientes deberán presentarse en el Servicio de Urgencias inmediatamente, durante el día o la noche, en caso de que aparezca:
- Mareo progresivo.
- Dificultad para despertar al paciente (el paciente deberá ser despertado cada dos horas durante la primera noche).
- Vómitos.
- Dolor de cabeza.
- Rigidez en la nuca.
- Sangrado o salida de líquido claro a través de la nariz o de los oidos.
- Debilidad en los brazos o piernas.
- Convulsiones (ataques).

En las próximas 48 horas, el enfermo debe evitar la ingestión de comidas copiososas y de bebidas alcohólicas o estimulantes. Deberá efectuar reposo absoluto en ambiente de luz moderada y evitar ver la televisión.

Observaciones: Fuente: Servicio de Urgencias - HUS   ▼   Fecha de revisión: 07/08/2006

INFORMES

- Se adjuntan, como **ANEXOS** a este manual, unos ejemplos de los diversos modelos de informes que GEPAC permite elaborar:

    - Informe **HISTORIAL MÉDICO (i1)**.
    - Informe **CONSULTA MÉDICA (i2)**.
    - Informe **HOJA DE EVOLUCIONES (i3)**.
    - Informe de **INGRESO (i4a)**.
    - Informe de **ALTA (i4b)**.
    - Informe de **ATENCIÓN por ENFERMERÍA (i8)**.
    - Informe **CONTROL DE ENFERMERÍA (i9)**.
    - Informe **HEPATOPATÍAS (i24)**.

    - Informe **FACTURA (iF)**.

    - Informe **LISTA DE INGRESOS (iL3)**.
    - Informe **Documentos de Información - Educación Sanitaria (iL4)**.

Apellidos:	Nombre:	NºHist:
PLANTILLA PLANTILLA	**Plantilla**	**999**

NºDNI:	NºSeguro:	Fecha de nacimiento:	Fecha de actualización HM:
00000000	01/000001		

Profesión:

PUESTO DE TRABAJO

Observaciones:

Tabaco:	☐ No fumador	☐ Exfumador	☐ Fumador	20 cigarrillos/día
Alcohol:	☐ NO	☑ Ocasional	☐ Habitual	Vino. Moderado.
Drogas:	☑ NO		☐ SI
Deporte:	☑ Aficionado	☑ Competición	☐ NO
Sueño:	☑ Normal		☐ Alterado
Alimentación:	☑ Equilibrada		☐ Anormal

Nº Gestaciones: ☐

Edad menarquia: ☐

Ciclo menstrual (frec/durac): ☐

Nº Partos: ☐

Edad menopausia: ☐

☐ THS

☐ **Anticonceptivos**

Nº Cesáreas: ☐

☐ Alteración menstruación

Nº Abortos: ☐

Observaciones:

Sin interés.

Sin interés.

No refiere.

Sin tratamientos médicos en la actualidad.

Buen estado de salud en el momento actual.

Debe abandonar el consumo de tabaco como medida fundamental para aumentar su estado de salud.

Fdo. Angel Vega

Informe de CONSULTA MÉDICA

Plantilla PLANTILLA PLANTILLA

Fecha:

15/01/2012   Consulta: URGENCIAS   Médico: Ángel Vega

MC: Fiebre y malestar general.

AP: Sin interés.

EA: Fiebre de 2 días de evolución, acompañada de dolor de garganta, tos y mialgias.

EF: Faringe hiperémica. Tª 38,5° C. Resto sin hallazgos de interés.

PC: No requiere.

JD: Cuadro gripal.

Tto: PARACETAMOL 1 gr/8 horas. Hidratación abundante.

Plan: Reposo domiciliario. IT.

Resumen: Cuadro gripal.

Firmado:

HOJA DE EVOLUCIONES

Plantilla **PLANTILLA PLANTILLA**   N° Consultas: 2

Fecha:	Consulta:	Médico:
15/01/2012	URGENCIAS	Ángel Vega

MC: Fiebre y malestar general.
AP: Sin interés.
EA: Fiebre de 2 días de evolución, acompañada de dolor de garganta, tos y mialgias.
EF: Faringe hiperémica. Tª 38,5° C. Resto sin hallazgos de interés.
PC: No requiere.
JD: Cuadro gripal.
Tto: PARACETAMOL 1 gr/8 horas. Hidratación abundante.
Plan: Reposo domiciliario. IT.

Resumen: Cuadro gripal.

20/01/2012	CENTRO DE SALUD	Ángel Vega

Acude para recoger parte de alta tras mejoría.
Asintomático en el momento actual.

Resumen: Curación.

Informe de Ingreso
MEDICINA INTERNA (HOSPITALIZACIÓN)

Nº Historia: **999**	Nº Seguro: **01/000001**
Fecha de nacimiento:	años
Nombre: **Plantilla**	**PLANTILLA PLANTILLA**

Fecha de ingreso: **01/01/2007**

MOTIVO DE INGRESO:

PLANTILLA DE INGRESO

ANTECEDENTES:

No alergias medicamentosas conocidas.
No DM. No HTA. No DL.
Enfermedades:
Intervenciones quirúrgicas:
Tratamiento habitual:
No hábitos tóxicos.
Vida basal: Activa. IAVD.
Profesión:
Antecedentes familiares: sin interés.

ENFERMEDAD ACTUAL:

ANAMNESIS POR APARATOS:
* General: Lo referido.
* CardioCirculatorio: No disnea, no ortopnea ni DPN. No dolor torácico. No palpitaciones.
* Respiratorio: No tos. No expectoración. No sibilancias.
* Digestivo: Ritmo intestinal normal. Buena tolerancia alimentaria. No sangrado intestinal.
* GenitoUrinario: No oliguria ni cambio en el color de la orina.
* NeuroPsíquico: Personalidad normal. No alteración del sueño. No focalidad neurológica.
* Locomotor:
* Endocrinometabólico:

EXPLORACIÓN FÍSICA:

TA 000/00, FC 00, Tª 00,0.
* General: Consciente y orientado. Buen estado general. Normocoloreado. Bien nutrido, hidratado y perfundido. Eupneico en reposo.
* Adenopatías: ninguna valorable en territorios LC, SC, axilar e inguinal.
* CyC: Isocoria y NR pupilar. No IY a 45º. Auscultación carotídea simétrica, sin soplos.
* Tórax: AC: RsCsRs sin soplos ni extratonos. AR: MVC sin ruidos sobreañadidos.
* ABD: Blando, depresible, no dolorososo a la palpación. No se palpan masas ni megalias. RHA (+). No signos de IP. Puñopercusión renal bilateral (-).
* Extremidades: EEII sin edemas. No varices. No signos de TVP. Pulsos distales (+).
* Neurológico: PC normales. FyS normal. ROT normales. Coordinación, equilibrio y marcha normales.

EXPLORACIONES COMPLEMENTARIAS:

ANALÍTICA:
* Bioquímica: glucosa 000, urea 00, creatinina 0,0 mg/dL, cloro 000, sodio 000, potasio 0,0 mmol/L, PCR 0,00 mg/dL, Bb Total 0,0 mg/dL, Bb directa 0,0 mg/dL, GOT 00, GPT 00 , FA 00 U/L, GGT 00 U/L, LDH 000 U/L, proteinas totales 0,0 g/dL, albúmina 0,0 g/dL.
* Proteinograma: Normal.
* Hemograma: Hb 00,0 g/dL, Htco 00,0 %, VCM 00,0 fL, leucocitos 0000 (NEU 00,0 %), plaquetas 000000. VSG 00 mm.
* Coagulación: TP 00 %, INR 0,00.
* Gasometría: pO2 00 mmHg, pCO2 00 mmHg, bicarb 00,0 mmol/L, sat O2 00 %, pH 0,00.
* Orina: Sin hallazgos significativos.

* Serie férrica: Normal.
* Metabolismo lipídico: Normal.
* Función tiroidea: Normal.
* Marcadores tumorales:
* Autoinmunidad:

ECG: RS a 00 ppm. QRS a OOº. Sin alteraciones en la repolarización.
RX TÓRAX: Sin hallazgos significativos.
RX ABDOMEN: Sin hallazgos significativos.

JUICIO DIAGNÓSTICO:

Fdo.

Salamanca, lunes, 01 de enero de 2007

Informe de Alta
MEDICINA INTERNA (HOSPITALIZACIÓN)

Nº Historia: 999	**Nº Seguro: 01/000001**
Fecha de nacimiento:	años
Nombre: **Plantilla**	**PLANTILLA PLANTILLA**

Fecha de ingreso: **01/01/2007**   **Fecha de alta:** **14/01/2007**

DIAGNÓSTICO PRINCIPAL:

DIAGNÓSTICOS SECUNDARIOS:

MOTIVO DE INGRESO:

PLANTILLA DE INGRESO

ANTECEDENTES:

No alergias medicamentosas conocidas.
No DM. No HTA. No DL.
Enfermedades:
Intervenciones quirúrgicas:
Tratamiento habitual:
No hábitos tóxicos.
Vida basal: Activa. IAVD.
Profesión:
Antecedentes familiares: sin interés.

ENFERMEDAD ACTUAL:

ANAMNESIS POR APARATOS:
* General: Lo referido.
* CardioCirculatorio: No disnea, no ortopnea ni DPN. No dolor torácico. No palpitaciones.
* Respiratorio: No tos. No expectoración. No sibilancias.
* Digestivo: Ritmo intestinal normal. Buena tolerancia alimentaria. No sangrado intestinal.
* GenitoUrinario: No oliguria ni cambio en el color de la orina.
* NeuroPsíquico: Personalidad normal. No alteración del sueño. No focalidad neurológica.
* Locomotor:
* Endocrinometabólico:

EXPLORACIÓN FÍSICA:

TA 000/00, FC 00, Tª 00,0.
* General: Consciente y orientado. Buen estado general. Normocoloreado. Bien nutrido, hidratado y perfundido. Eupneico en reposo.
* Adenopatías: ninguna valorable en territorios LC, SC, axilar e inguinal.
* CyC: Isocoria y NR pupilar. No IY a 45º. Auscultación carotídea simétrica, sin soplos.
* Tórax: AC: RsCsRs sin soplos ni extratonos. AR: MVC sin ruidos sobreañadidos.
* ABD: Blando, depresible, no dolorososo a la palpación. No se palpan masas ni megalias. RHA (+). No signos de IP. Puñopercusión renal bilateral (-).
* Extremidades: EEII sin edemas. No varices. No signos de TVP. Pulsos distales (+).
* Neurológico: PC normales. FyS normal. ROT normales. Coordinación, equilibrio y marcha normales.

EXPLORACIONES COMPLEMENTARIAS:

ANALÍTICA:
* Bioquímica: glucosa 000, urea 00, creatinina 0,0 mg/dL, cloro 000, sodio 000, potasio 0,0 mmol/L, PCR

0,00 mg/dL, Bb Total 0,0 mg/dL, Bb directa 0,0 mg/dL, GOT 00, GPT 00 , FA 00 U/L, GGT 00 U/L, LDH 000 U/L, proteinas totales 0,0 g/dL, albúmina 0,0 g/dL.
* Proteinograma: Normal.
* Hemograma: Hb 00,0 g/dL, Htco 00,0 %, VCM 00,0 fL, leucocitos 0000 (NEU 00,0 %), plaquetas 000000. VSG 00 mm.
* Coagulación: TP 00 %, INR 0,00.
* Gasometría: pO2 00 mmHg, pCO2 00 mmHg, bicarb 00,0 mmol/L, sat O2 00 %, pH 0,00.
* Orina: Sin hallazgos significativos.
* Serie férrica: Normal.
* Metabolismo lipídico: Normal.
* Función tiroidea: Normal.
* Marcadores tumorales:
* Autoinmunidad:

ECG: RS a 00 ppm. QRS a OOº. Sin alteraciones en la repolarización.
RX TÓRAX: Sin hallazgos significativos.
RX ABDOMEN: Sin hallazgos significativos.

EVOLUCIÓN - COMENTARIOS:

MOTIVO DE ALTA:

TRATAMIENTO AL ALTA:

SEGUIMIENTO - REVISIONES:

Revisión en Consultas Externas de XXXXXX en XXXXXX.
Control por su Médico de Atención Primaria.

Fdo.

Salamanca, domingo, 14 de enero de 2007

Informe de ATENCIÓN por ENFERMERÍA

Plantilla PLANTILLA PLANTILLA

Fecha:	Hora:	Tipo de Asistencia:	Enfermera:
18/07/2011	17:57	Contingencia Común (visita periódica)	Lola López

Motivo de Consulta:

Cura programada.

Lesión:

Quemaduras dedo mano derecha.

Atención:

Limpieza, desinfección, antibioterapia tópica y cambio de apósito.

Firmado:

CONTROL DE ENFERMERÍA

Plantilla PLANTILLA PLANTILLA   Nº Atenciones: 3

Fecha:	Hora:	Tipo de Asistencia	Enfermera
17/01/2011	15:06	Administración de Medicación Parenteral	Lola López

Inyectable periódico.

Lumbalgia.

Inzitan 1 amp IM.

| 18/07/2011 | 15:35 | Administración de Medicación Oral | Ángel Vega |

| 18/07/2011 | 17:57 | Contingencia Común (visita periódica) | Lola López |

Cura programada.

Quemaduras dedo mano derecha.

Limpieza, desinfección, antibioterapia tópica y cambio de apósito.

HEPATOPATÍAS

Apellidos: **PLANTILLA PLANTILLA**

Realizado por: **Fecha:** **10/02/2007**

Nombre: **Plantilla**   NºHist: **999**

Antecedentes Personales:

- ☐ HTA
- ☐ DM
- ☐ Cardiopatía

- ☐ Neumopatía
- ☐ Insuficiencia Renal
- ☐ Disfunción tiroidea

- ☐ Depresión
- ☐ Epilepsia
- ☐ Retinopatía

- ☐ Patología Autoinmune
- ☐ Embarazo actual
- ☐ Lactancia actual   ☐ IQ

Hábitos:

- ☐ No alcohol
- ☐ Alcohol ocasional
- ☐ Alcohol habitual
- ☐ En deshabituación OH
- ☐ Exbebedor

Alcohol (observaciones):

- ☐ No fumador
- ☐ Fumador
- ☐ Exfumador

Tabaco (observaciones):

- ☐ No drogas
- ☐ Drogas
- ☐ Exdrogadicto

Drogas (observaciones):

Antecedentes Familiares: **Vacunaciones:**   **Hep B:** ☐ SI ☐ NO ☐ ¿?   **Hep A:** ☐ SI ☐ NO ☐ ¿?

ENFERMEDAD ACTUAL: JC: Hepatitis Vírica

- ☐ No EA   ☑ Hepatitis Aguda   ☐ Hepatitis Crónica
- ☐ HEPATITIS VIRAL   ☐ Hemocromatosi
- ☐ Hepatitis Tóxica   ☐ Enfermedad de Wilson
- ☐ Hepatitis AutoInmune   ☐ Porfiria
- ☐ Cirrosis Biliar Primar   ☐ Déficit alfa-1-AT

Vía de infección (virus):

- ☐ Conocida   ☐ Desconocida

Grupos de Riesgo:
- ☐ Drogadicción (ADVP)
- ☐ Hemodiálisis Transfusiones
- ☐ Transmisión sexual
- ☐ Tatuajes Piercing
- ☐ Áreas endémicas

- ☐ Astenia   ☐ Adelgazamiento
- ☐ Prurito   ☐ Dolor abdominal
- ☐ Ictericia   ☐ Asintomático

- ☐ Profesional sanitario
- ☐ Pinchazo o corte
- ☐ Contam cut-muc
- ☐ Otras prof de riesgo
- ☐ RN de madre infectada

Exploración Física: ☐ Hepatomeg.   ☐ Esplenomeg.

- ☐ No ascitis   ☐ Ascitis moderad   ☐ Ascitis masiv

- ☐ No encefalopatía   ☐ Encefalopatía I-II   ☐ III-IV

Analítica: Fecha analítica:

Hb (gr/dL):	1,2	GOT-AST (U/L):	
Leucos (n/mm3):	12000	GPT-ALT (U/L):	
Neutrófilos (n/mm3):	10000	FA (U/L):	
Neutrófilos (%):	23	GGT (U/L):	
Plaquetas (n/mm3):	234000	Bb Total (mg/dL):	**2,3**
Tasa Protrombina (%):	**34**	Bb Directa (mg/dL):	1,2

Proteinas Totales (g/dL):
Albúmina (g/dL):

Child-Pugh: /15
☐ A ☐ B ☐ C

HEPATOPATÍAS

alfa-1-AT (mg/dL):

Cobre (ug/dL):

Ceruloplasmina (mg/dL):

ANA:

AMA:

ASMA:

Anti-LKM:

Anti-gliadina:

Anti-endomisio:

Anti-transglutaminasa:

Estudio genético Hemocromatosis

Porfirinas O24 h:

Alfa-FP (ng/mL):

Anti-VHA IgM:

Anti-VHA IgG:

HBsAg:

Anti-HBs:

Anti-HBc Total:

HBeAg:

Anti-HBe:

Anti-VHC:

Anti-VIH:

VIH (Ag p24):

Anti-HBc IgM:

Anti-HBc IgG:

DNA VHB (U/L):

Genotipo VHB:

RNA VHC (U/L):

Genotipo VHC:

☐ Virus delta   Otros virus:

Biopsia: Histología Hepática (fecha):

Fecha serología:

tipo de lesión:

ECO Abd:

TC:

RM:

Otras Pruebas Complementarias:

Tratamiento:

Nombre Comercial:	Principios Activos:	Dosis:	Pauta:	Desde:	Hasta:	Activa:
Nuclosina	OMEPRAZOL	20 mg	1-0-0			☐

Seguimiento:

FACTURA

Código Factura:

prueba 1

NºDNI **00000000**

☐ Particular
☑ Aseguradora

Entidad: **Sanitas**

NºHist **999**

Nombre: **Plantilla**

PLANTILLA PLANTILLA

Dirección: C/Santa María, nº 7, 3º izq.

Vitoria - 01001

Conceptos Facturados

Concepto:	Cantidad:	Precio unitario:	Total:
Consulta inicial	1	100	100
Consulta sucesiva	3	75	225
Analítica	2	25	50
Rx Tórax	1	40	40
		Subtotal:	**415**

Subtotal:	**415**
IVA (%):	18

Fecha de emisión: **jueves, 14 de julio de 2011**

Total: **489,7**

Lista de Ingresos:

Cama:	NºHist:	Nombre:	Apellidos:	M	V	Edad:	Diagnóstico Principal:
	999	Plantilla	PLANTILLA PLANTILLA	☐	☐		

Motivo de ingreso: Fecha Ingreso: Fecha Alta: Días:

PLANTILLA DE INGRESO   **01/01/2007**   **14/01/2007**   **13**

| | 210537 | María Paloma | RUEDA IGLESIAS | ☑ | ☐ | 47 | **NEUMONÍA POR VARICELA.** |

Motivo de ingreso: Fecha Ingreso: Fecha Alta: Días:

Erupción cutánea. fiebre, MEG y mialgias.   **28/06/2007**   **28/06/2007**   **0**

| 635C | 111 | Prueba | PRUEBA PRUEBA | ☐ | ☑ | | |

Motivo de ingreso: Fecha Ingreso: Fecha Alta: Días:

Reagudización EPOC.   **18/01/2011**

Deshabituación tabáquica: Consejos frente a la dependencia psicológica.

*Para DEJAR DE FUMAR:
- Confeccionar una LISTA DE MOTIVOS (por escrito) para abandonar el tabaco.
- Apuntar en otra hoja los CIGARRILLOS QUE MÁS LE APETECE FUMAR. Aprenda a reconocer las situaciones de su vida diaria asociadas al consumo de tabaco.
- Diseñe alguna ESTRATEGIA para enfrentarse sin fumar a las SITUACIONES DIFÍCILES.

*Para enfrentarse al PRIMER DÍA SIN TABACO:
- Elija un día en que tanto las CIRCUNSTANCIAS ambientales como personales sean FAVORABLES y le permitan no consumir ni siquiera un cigarrillo.
- Manténgase MUY ACTIVO/A a lo largo de todo el día, evitando las situaciones de alto riesgo y procurando no fumar ni siquiera un cigarrillo.

*Para MANTENERSE SIN FUMAR:
- Evite situaciones difíciles.
- Dedique TODO SU ESFUERZO a no fumar ni un solo cigarrillo.
- PIDA AYUDA a las personas de su entorno.
- DESHÁGASE de todos los cigarrillos y objetos relacionados (mecheros, ceniceros, etc).
- La PRIMERA SEMANA suele requerir mucho esfuerzo, pero las probabilidades de éxito aumentan espectacularmente si consigue no fumar. Con el paso del tiempo se irá acostumbrando a no fumar y le será más fácil vivir sin hacerlo.
- Conviene RELEER LA LISTA DE MOTIVOS que le animaron a dejar de fumar.
- Evitar situaciones de alto riesgo.
- Piense a corto plazo: "HOY NO FUMO".
- MANTÉNGASE OCUPADO/A todo el día.
- UTILICE EL TRATAMIENTO recomendado.
- Disponga algún aperitivo para picar después de comer si este es un momento difícil para Usted.
- Dígales a sus amigos fumadores que no fumen en su presencia y RECHACE EL CIGARRILLO que le ofrezcan.
- Si tiene muchas ganas de fumar, SIÉNTESE COMODAMENTE, RESPIRE HONDO Y SUELTE EL AIRE LENTAMENTE, varias veces seguidas.
- Piense en el DINERO que lleva ahorrado.
- Sobrepóngase a los momentos más difíciles pensando en todo lo que ha logrado y recuerde que una calada significará VOLVER A EMPEZAR.
- Piense que esta decisión es LA MÁS SALUDABLE DE SU VIDA. Piense en las toxinas que ha evitado, note cómo ha mejorado su capacidad de hacer ejercicio y su capacidad de apreciar olores y sabores.
- Si ha engordado un poco, no se preocupe. Pronto tendrá la oportunidad de hacer un poco de RÉGIMEN y PERDER PESO. Ahora no debe pasar hambre, pues podría volver a fumar.
- Haga mucho EJERCICIO FÍSICO. Esta es la mejor manera de combatir la ganancia de peso. Todo tipo de ejercicio es bueno: andar, pasear, ir de tiendas, subir escaleras, etc.
- Recuerde que ESTE OBJETIVO, como todos los que Usted se proponga, ES ALCANZABLE.

Fuente: *Angel Vega*